Diseñando tu sistema fotovoltaico

Paneles Solares 101

1ra. Edición

Aprende a como instalar y diseñar tus propios paneles solares. Energiza tu hogar, negocio, bote, VR, rancho y más aplicaciones.

Samuel Edison

participa en la prestación de asesoramiento legal, financiero, médico o profesional. El contenido de este libro ha sido derivado de varias fuentes. Consulte a un profesional con licencia antes de intentar cualquier técnica descrita en este libro.

Al leer este documento, el lector acepta que bajo ninguna circunstancia el autor es responsable de cualquier pérdida, directa o indirecta, en que se incurra como resultado del uso de la información contenida en este documento, incluidos, entre otros, los: omisiones, o inexactitudes.

Dedicatoria

Dedicado a mis hermanos...

Grupo de cretinos.

Contents

INTRODUCCION

Cuando las personas piensan acerca de la energía renovable, la primera imagen que viene a su mente es Generalmente paneles solares en tonalidades azules o negras instalados en los techos, o señalamientos portátiles con pequeños paneles adheridos. Estos paneles también conocidos Como módulos fotovoltaicos o módulos FV, convierten la luz solar en electricidad, considerados los pioneros de las energías limpias por décadas. esa tecnología fotovoltaica y los efectos de la luz solar para producir energía no es algo nuevo, es algo que se descubrió hace más de 100 años. Aún con esta antigüedad, la implementación Y mejoras de esta tecnología han sido graduales. Sólo en años muy recientes las energías fotovoltaicas han ganado popularidad y son consideradas como una alternativa viable para producir energía.

Escuchamos mucho acerca de Pequeños equipos como calculadoras relojes o autos a control remoto que operan con paneles solares. Así que, ?qué hay detrás de esta tecnología? Nace de la amalgamación de pequeñas celdas combinadas para generar el poder requerido necesario.

Entonces qué es una celda solar? También conocidas como celdas fotovoltaicas, es un equipo que convierte la energía solar en electricidad por un efecto fotovoltaico. Esto se lo fotovoltaica son ensambladas en serie para formar un módulo solar o marco fotovoltaico (photovoltaic *array)*. Combinando un grupo de *arrays* fotovoltaicos, genera energía renovable la cual puede ser si tu vida como una fuente de energía para equipos de radio en áreas donde la energía comercial no se encuentra disponible. La energía solar fotovoltaica se está volviendo muy popular, especialmente en sistemas eléctricos interconectados.

De acuerdo a la definición de la enciclopedia de Wikipedia, los sistemas interconectados son sistemas energéticos de generación eléctrica semiautónomos los cuales buscan regresar a la red eléctrica el exceso de capacidad productiva. Cuando no se tiene suficiente electricidad generada, o las baterías no están completamente cargadas, se toma la energía del sistema de red eléctrica para sustituir al recorte energético.

Los paneles solares son principalmente manufacturados en los siguientes países: Japón, China, Alemania, Taiwán y los Estados Unidos. Su tiempo de vida Es aproximadamente 20 años. Justo como cuando construyes tu casa, puedes optar por Construir la casa o contratar un arquitecto que diseñó tu hogar o comprar un modelo de casa que cumpla con tus especificaciones. Necesitas un profesional experto para hacerlo o comprar un sistema solar estándar acuerdo a tus necesidades.

La tecnología solar ha mejorado muchísimo y los procesos de manufactura han sido re ingenierados muchas veces. Por lo tanto, el producto se vuelve mucho más atractivo a la comunidad global.

Cuando caminas sobre un tapete o alfombra con tus calcetas puestas y tocas la perilla de la puerta, todos conocemos el resultado. Una pequeña descarga eléctrica te despierta. La fricción generada por el movimiento de tus pies contra la alfombra permite a los calcetines colectar energía. Tu cuerpo se convierte en un conductor para que los electrones fluyan. La perilla de la puerta se vuelve un punto de aterrizaje para la energía, en este caso los electrones que recolectaste. Tan pronto como alcanzas la perilla eres parte del flujo de salida de los electrones.

Los paneles solares funcionan bajo el principio. Los materiales de las celdas solares, mono o policristalinas, tiene la habilidad de parar los fotones de luz. Esta acción de parar el movimiento de la luz funciona como la fricción de tus calcetines con la alfombra. Los fotones dan su energía a los átomos de la celda solar cristalina. Ahora la celda solar es cargada por un proceso fotovoltaico. Finalmente después de este proceso, necesitamos una manera de mover la carga energética.

Hasta que creemos una vía de almacenamiento al colector o usemos la energía. El sistema solar ahora recolecta más energía. Moldeado a las celdas y electrodos, la vía para que el flujo de carga de los electrones siga. Conectar una batería y un inversor de carga. La parte más importante del sistema. Así como fuiste la vía para transferir la energía de tus calcetines a la perilla de la puerta. si no hubieras tocado la perilla no hubiera existido flujo de energía. La perilla de la puerta sería la batería Hola cara que necesita qué has colectado.

Las celdas en tus paneles están conectadas en serie colectivamente para producir una carga de salida más salta para ser utilizada en aplicaciones de alto voltaje. Por lo tanto la mayor cantidad de celdas solares que tengas en serie, mayor será el wattaje producido. Durante el día cuando hay suficiente luz solar los paneles producen suficiente energía Electro motiva para forzar a nuestros equipos a funcionar.

en 1958 los primeros paneles fotovoltaicos fueron lanzados al espacio para operar satélites. Aún hoy en día, el poder de la energía solar es la principal fuente de energía para la Estación Espacial Internacional. De regreso a la Tierra, los paneles fotovoltaicos han sido tradicionalmente utilizados en áreas donde no es práctico Conectarse a la red eléctrica pero existe abundante luz solar.

Los paneles solares son usualmente utilizados para aplicaciones remotas: dar poder a Cabañas, vehículos recreativos, botes y pequeños electrónicos cuando el servicio de luz eléctrica no se encuentra disponible. Recientemente, los sistemas interconectados han empezado tener un momento de implementación dado a su relación costo-efectividad, siendo está una de las más eficientes manera de incorporar la energía solar en nuestro día a día.

En términos básicos, un panel solar, es un instrumento que puede producir un flujo de Electricidad bajo la luz solar. Esta electricidad puede ser usada para cargar baterías, y con la ayuda de un inversor, puede operar equipos caseros o "cargas" los paneles solares también pueden ser utilizados el sistema sin baterías a través de interconexión.

La mayoría de los módulos fotovoltaicos cuentan con un marco de aluminio, cubiertos con vidrio templado y sellados con una tapa trasera anti agua. Dentro de esta configuración se instala las celdas solares, usualmente fabricada de silicón. En la parte trasera de la caja Existen dos cables de los cuales salen de una *junction box* o caja de conexiones. Aquí podemos conectar nuestras terminales eléctricas donde los cables pueden ser adheridos para conducir la energía generada fuera del módulo. Si estos cables ya se encuentran colocados, la junction box está usualmente sellada y con un acceso restringido para los usuarios. Las junction box selladas son la configuración más común.

Hay muchas maneras de hacer uso de la energía solar. una de las más sencillas es cargar un pequeño dispositivo electrónico, como celulares reproductores de música, con módulos fotovoltaicos portátiles. Estos pequeños módulos solares para cargar baterías son integrados en mochilas o ropa para una mayor conveniencia. estos mismos pueden ser utilizados individualmente o conectados en serie para generar un *solar array*.

Para cargas eléctricas más grandes, existen dos tipos principales de sistemas para proveer de energía eléctrica a los hogares, cabañas, oficinas, etc. Los sistemas aislados con banco de baterías también llamados *off-grid systems* y los interconectados (*grid-tied systems*).

hay muchas razones porque la instalación de paneles solares está a la alta como nunca antes. La raíz de este problema es el curso de cambio climático actual y la devastación que podría dar al mundo a su terminación en un futuro no muy lejano.

Con más y más científicos advirtiendo de un Apocalipsis probable, esto losa traído a buscar alternativas para solucionar el problema. Una de las favoritas para el consumidor son los paneles solares, dado que con esta es una medida instantánea y notable para reducir de manera inmediata el impacto en gases de invernadero, removiendo en la pequeña escala la dependencia de combustibles fósiles y otros medios para proveer electricidad.

Mientras ser bueno es bueno, no podemos obviar que Estos factores simplemente juegan papel decisivo, los gobiernos presentan y sativa reales para facilitar dentro de sus países la instalación de paneles solares. Por ejemplo el gobierno del Reino Unido, paga por el exceso de energía producida que se envía a la red eléctrica local.

Lo anterior, aunado con los ahorros que trae la instalación de paneles solares, motiva a la gente a realizar el cambio. Al instalar un sistema fotovoltaico el valor de la propiedad en el mercado parece adquirir un valor Premium cuando el sistema está operando, aumentando la tendencia a contar con paneles solares. Todo esto contribuye a un escenario muy excitante, en el cual todas las personas de todos los antecedentes sociales y demográficos están haciendo su parte en la pelea contra el cambio climático.

?Sabes lo que significa DIY?*Do it yourself* por sus siglas en inglés, significa Hágalo usted mismo. Si bien la mayoría de la gente sabe que los paneles solares ayudan a reducir los recibos de luz, los cuales también funciona como aislamiento térmico para los hogares, esto a través de generar sombra en el área donde se instala, reduciendo la carga térmica.

Hay una gran cantidad de fabricantes que han introducido los sistemas solares DIY. todo lo que tienes que hacer es comprar los materiales que necesitas para hacer los paneles en tu propio hogar, algunos incluyen hasta las instrucciones de cómo hacerlo.

Si lo piensas, ?porque comprar paneles solares si los puedes fabricar tú mismo? La idea del DIY es que ahorres dinero. Así que operar bajo prueba y error es algo esperado en tu proceso de aprendizaje. Nadie es perfecto y definitivamente habrá baches en tu camino al aprendizaje.

Como siempre has escuchado, la experiencia es el mejor profesor y es verdad. Puedes Obtener cualquier información sobre paneles solares Pero es mejor que lo hagas tú mismo.

?no estarías orgulloso si pudieras hacer los paneles de tu sistema solar? Puedes ahorrarte el costo de la mano de obra y la instalación.

La electricidad es uno de los Pilares de este mundo: una manera moderna de vida se ve mermada en áreas donde no tengamos acceso a la electricidad. La mayoría de nuestros equipos, *gadgets* y sistemas del día día funcionan con electricidad. Lo que vuelve muy importante a la electricidad.

Pero, ¿qué tan importante es electricidad? Sin ella, el monito en el cual estás viendo este libro ahora mismo no funcionaría, menos el cpu el cual decodifica este documento hacia tu monitor para mostrártelo. Dado a la importancia de la computación y el internet, el correo electrónico en el mundo de los negocios, las finanzas, la ciencia y nuestro día a día, esto la vuelve indispensable para mantener nuestro sistemas operando.

Así que, ¿Qué es electricidad? La definición básica es muy simple de entender: es el conjunto de Fenómenos físicos relacionados con la presencia y flujo de cargas eléctricas. Se manifiesta en una gran variedad de fenómenos como rayos, la electricidad estática, inducción electromagnética o el flujo de corriente eléctrica. Es una forma de energía tan versátil que tiene un sin número de aplicaciones, por ejemplo: transporte, climatización, iluminación y computación.

El A, nombre corto para ampere, nombrado así por el fisicista francés del siglo 18 André Marie Ampere, la cual es una unidad básica de corriente eléctrica. La corriente eléctrica es algo análoga a su ojo de agua: la cantidad de agua que pasa a través de un punto en un tiempo determinado es la corriente de ese punto. Equiparable al ejemplo de metros cúbicos por segundo. Aquí la medida que estamos realizando es la carga eléctrica que pasa a través de esa área, al igual que los metros cúbicos sobre segundo, pero sobre un cable.

El voltaje, por otra mano, es un poco más complicado de conceptualizar lo en términos familiares. lo que llamamos voltajes Es realmente una referencia informal al potencial de diferencia eléctrico (no extraña que sea simplemente llamado voltaje). La analogía más cercana respecto al flujo de agua es la diferencia en presión dentro de la línea, sin considerar el *momentum* en la dirección opuesta, el agua fluirá del lugar con más presión al área con menos presión. Mientras que la presión genera "potencial" en el caso del agua, es la diferencia de las cargas la cual crea el potencial en el caso de la electricidad: la corriente Es simplemente la manera en la que el naturaleza intenta balancear la carga mandando las cargas negativas a un área donde existe relativamente un déficit de energía negativa (o donde exista una región con más carga positiva), o viceversa.

Un Voltio, por lo tanto, es la unidad de diferencial de potencial eléctrico. La forma más sencilla de pensar el número de voltios es como la cantidad desead electrones en una corriente que debe de cruzar la distancia separando 2 regiones con cargas distintas. Esto es voltaje, o potencial de diferencial.

El watt, llamado así en honor al inventor escocés, el ingeniero James watt. Es una unidad de poder, justo como los caballos de fuerza es una unidad de poder. Dado que el poder es la misma cantidad en los ojos de los físicos ya sea venga de una forma de energía eléctrica o una fuente mecánica u otra forma de poder, nada acerca del Watt is particular a la electricidad.

QUE SON LOS PANELES SOLARES?

El sol es la fuente primaria de energía en la Tierra y la luz solar puede ser convertida directamente en electricidad usando paneles solares. La electricidad se ha vuelto indispensable en la vida. Alimenta las máquinas que la mayoría de nosotros usamos a diario.

Entonces, ¿qué son los paneles solares? ¿Y si puedes crear el tuyo?

A. Componentes

Un panel solar is generalmente fabricados a partir de seis (6) componentes, a saber el PV (fotovoltaica) de la célula o celda solar que genera la electricidad, el cristal que cubre y protege las células solares, el marco que proporciona la rigidez, la lámina posterior donde las células solares se establece, la caja de conexiones donde los cableados son cerrados y conectado, y el encapsulante que sirve as adhesivos.

Dado que la mayoría de la gente no tiene acceso a los equipos en la fabricación de paneles solares, que is importante tener en cuenta y comprender esos seis componentes con el fin de que nadie sea capaz de planificar los materiales necesarios para crear un hacer-it-usted mismo o casero paneles solares.

Los materiales necesarios sobre cómo hacer un panel solar deben estar disponibles para la compra local o en línea y no deben exceder el costo de un nuevo panel solar o no se tarda mucho tiempo en construir.

Elevador de tensión-Voltaic Cell

Lo primero que debe tomar en consideración al construir su propio panel solar is la célula solar.

Células fotovoltaicas (PV) o célula solar convierte la luz visible en electricidad. Una (1) celda solar sin embargo is no es suficiente para producir una cantidad utilizable de electricidad al igual que el microbot en Baymax (héroe 6) Que sólo se vuelve útil cuando se combina como un grupo. Esta unidad básica genera un CD (corriente continua) simbólico de 0,5 a 1 volt y aunque esto is razonable, simbólico is todavía demasiado pequeño para la mayoría de las aplicaciones. Para producir un útil simbólico CD, las células solares se conectan en serie y luego se encapsulan en los módulos que componen el panel solar. Si una célula genera 0,5 voltios y is conectado a otra célula en serie, esas dos células deben ser capaces de producir 1 voltios y entonces se puede llamar un módulo. Un módulo típico usualmente consiste de 28 a 36 celdas en serie. Un módulo de 28 células debe ser capaz de producir aproximadamente 14 voltios (28 recuerde 0,5 = 14VCD) que es suficiente para cargar una batería de 12V o poder 12V dispositivos.

La conexión de dos o más células solares requiere que usted tenga una comprensión básica de la serie y la conexión paralela que is similar a las baterías de conexión para componer un sistema de almacenamiento de baterías.

Hay dos células solares más comunes que se pueden comprar en el mercado: una célula monocristalina y una célula policristalina. Estos dos pueden tener el mismo Tamaño, 156mm recordar 156mm, pero la principal diferencia sería la eficiencia. Esto is importante comprar las células adicionales para servir de reserva en caso de que usted falle en algunas de las células i.. soldaduras defectuosas, células rotas, arañazos, etc.

Las células solares monocristalinas suelen ser de color negro y emocionantes en forma. Este tipo de célula solar is hecho de la más alta y más pura calidad de silicio que los hace caros. Pero son los más eficientes de todos los tipos de células solares y son casi siempre la elección de contratistas solares cuando space es un factor importante a considerar en el logro de la energía que quieren lograr a partir de su diseño del sistema solar.

Las Células fotovoltaicas policristalinas se caracterizan por su color azulado y forma rectangular. Estas células se fabrican en un proceso mucho más simple que disminuye la pureza del contenido de silicio y también disminuye la eficiencia del producto final.

Generalmente, las células monocristalinas son más eficientes que las células policristalinas, pero esto no significa que las células monocristalinas funcionen y produzcan más energía que las células policristalinas. La eficiencia de las células solares tiene algo que ver con el Tamaño de las células y cada panel solar o células tienen una calificación de eficiencia basada en pruebas estándar cuando fueron Lamin. Esta calificación is generalmente en porcentaje y los valores comunes van de 15% a 20%.

Vidrio

El vidrio protege las células fotovoltaicas mientras permite que pase la luz del sol óptima. Estos suelen estar hechos de materiales antirreflectantes. El vidrio templado es la elección de material hoy en día, incluso para los fabricantes desconocidos y nuevos, aunque todavía hay aquellos que utilizan vidrio de placas planas en sus paneles solares. El cristal templado son creados por los medios químicos o térmicos y is muchas veces más fuerte que el cristal de la Plancha que lo hace más caro producir pero el precio de la fabricación de ellos hoy is razonable y rentable. El cristal plano de la Plancha crea el observador y los 100.000 largos cuando roto as opuesto al cristal templado que rompe con seguridad en pequeño pieces sobre el impacto, que is por qué lo llaman también el cristal de seguridad. Debe notarse aquí que la mayoría de los paneles solares amorfos usa el cristal plano de la Plancha por la manera que el panel is construido.

Vidrio templado es lo que los fabricantes utilizan en la producción de masa de sus paneles solares. En nuestro proyecto de bricolaje, le sugerimos utilizar plexiglás también llamado vidrio acrílico que is más seguro que el cristal normal regular de su ferretería local. Él is un poco caro que el cristal regular, pero es resistente a las inclicaencias del tiempo y no se rompe fácilmente. El plexiglás también puede atornillarse o pegarse fácilmente al marco.

Marco

El marco is habitualmente hecho del aluminio anodizado, que abastece la estructura y la dureza al módulo solar. Estos Marcos de aluminio también están diseñados para ser compatibles con la mayoría de sistemas de montaje solar y equipos de groundin para una instalación fácil y segura en el techo o en el Suelo.

El marco en un panel solar de fábrica es por lo general la parte de aluminio donde se insertan los cuatro lados de la hoja del panel solar. Piensen en esto por el marco rectangular esquelético. La lámina del panel solar por cierto se compone de los otros 4 componentes y se estratifican yepran en el orden siguiente de arriba abajo; el cristal templado, encapsulante superior, las células solares, encapsulante inferior, entonces la hoja posterior. En nuestro panel solar de bricolaje, vamos a utilizar un marco de madera y el resultado final sería algo análogo a un marco de imagen donde la imagen is las células solares pegadas a una Junta no conductora, el vidrio para la cubierta superior Plexiglas, y la parte de madera como el marco y la hoja posterior.

Anverso de la caja

La hoja posterior es la capa de película plástica en la superficie posterior del módulo. Esto is la única capa que protege el módulo de la CD insegura simbólico. La función principal del backsheet is aislar y declarar el handler del choque y proporcionar el inmediato, eficiente, y la conductividad gobernador fiable posible.

La hoja posterior será una contrachapada de madera donde el marco se atornilla en la parte superior y en los lados. Cabe señalar aquí que se utilizará una tabla perforada (Pegboard) para colocar y alinear las Células fotovoltaicas y este Pegboard se sentará en la parte superior de la hoja de madera y encajado dentro del marco de madera.

Cantonera Caja

La Caja de conexiones es donde los cables terminales y los diodos de derivación están localizados y ocultos. Los cables terminales son realizando los cables positivos y negativos basados en las conexiones de serie de las Células fotovoltaicas y pueden ser conectados a otro panel solar, un controlador de carga, un sistema de batería, o a un inversor, dependiendo del diseño del sistema. El by-pas diodo es un mecanismo protector que impide que la energía vuelva al panel solar cuando no está produciendo electricidad como en el case cuando es hora de la noche.

Hay cajas de conexiones diseñadas para paneles solares de fábrica que ahora están disponibles para comprar en línea, especialmente en China. Si usted no está presionado para el tiempo, puede ordenar en línea y esperar para la entrega de lo rec usted puede comprar una Caja de conexiones eléctricas regulares de su tienda local de hardware. El propósito de la Caja de conexiones es la declaración de los terminales (terminales positivos y negativos) de agua, polvo, y otros elementos. Esto is también donde los dos cables (rojo para positivo y negro para negativo) vendrán de. El otro extremo de estos dos alambres también se puede proteger mediante el uso de un accesorio de PV llamado MC debería, que también se puede comprar en línea junto con la Caja de empalme PV.

Encapsulates

Láminas encapsulantes evitar que el agua y la suciedad de infiltrarse en los módulos solares y servir as amortiguadores que la declaración de las células fotovoltaicas. Tienen esta fijación adhesiva óptima para el vidrio, las células fotovoltaicas, y la hoja trasera similar a un pegamento pero más fuerte. Los encapsulantes suelen estar hechos de Acetato de etileno-Vinilo o EVA y se aplican utilizando máquinas y procesos de laminación. Los fabricantes de paneles solares utilizan una aspiradora y un horno grande para sellar y curar adecuadamente la lámina de EVA en los paneles solares. La mayoría de nosotros no tiene la optimización para hacer esto, pero muchos todavía han intentado y han fracasado, mientras que otros tenían diferentes niveles de éxito.

Los encapsulantes son láminas de plástico delgadas que normalmente seepran en la parte superior e inferior de la lámina de células solares. El encapsulante inferior es la capa en la parte superior de la hoja trasera donde las células solares están realmente colocadas y apoyadas.

TIPOS DE PANELES SOLARES

Para construir paneles solares, sin duda tendrá que saber el tipo de paneles solares que realmente desea para alimentar su hogar. Puesto que la tecnología is mejora constantemente y son inventados muchos nuevos tipos de las células solares, esto is es esencial comprender la diferencia básica entre ellos.

Laminado monocristalino (conocido como monocristalino)

Los paneles solares monocristalinos son considerados realizando como los más eficientes. La diferencia principal de otros paneles solares is que éstos son hechos de un pedazo grande de cristal de silicio. Se encuentran entre las más antiguas y confiables tecnologías de células de silicio.

El proceso de hacer estos grandes cristales de silicios un proceso muy exigente en energía, lo que se suma al coste final del sistema solar. Ciertamente, son considerados los más eficientes, capaces de producir electricidad a un 15 perdidos% de eficiencia, pero no necesariamente la mejor oportunidad para el embajador de casa.

Uno de los argumentos, por qué la gente debe comprar paneles solares monocristalinos es porque allí is no un gran o, de hecho, un pequeño space en el techo para instalarlos. Con los paneles solares monocristalinos usted puede estar seguro, que usted utiliza el space disponible en el techo de la manera más eficiente posible.

La diferencia principal en el aspecto is que son negros en el color y son redondeados en la forma (las células).

También estos paneles pueden durar de 25 a 50 años como máximo, por lo que son una buena inversión a largo plazo.

Sin embargo, son también frágiles, so que algunos cuiden is necesario. Por eso, el marco duro is más que apropiado.

En Resumen, los paneles monocristalinos son los mejores para la eficiencia, el rendimiento y la longevidad. Lo negativo-más costoso que otros tipos de paneles solares.

Policristalino

Las células solares policristalinas, según indica el nombre, se componen de múltiples cristales de silicio, no como las células monocristalinas. Por lo general, se parecen un poco a un mosaico. En color, son de color azul océano oscuro.

En general, los paneles solares policristalinos se encuentran entre los más baratos y ampliamente encontrados en el mercado hoy en día.

A tasas de eficiencia ligeramente más bajas que los paneles solares monocristalinos, todavía son capaces de producir electricidad a un 12-14% de eficiencia. Además, se producen con menos energía desperdiciada. Es por eso que esta tecnología está en constante evolución hoy en día.

Las células policristalinas son una gran alternativa a las células monocristalinas, ya que ofrecen un costo ligeramente mejor por vatio de eficiencia. Por lo tanto, muchas personas prefieren este tipo de tecnología solar hoy en día.

Sin embargo, hay que recordar una cosa: están diseñados para funcionar mejor a temperaturas relativamente más bajas. Esto is beneficioso para saber que las temperaturas a partir de 60 ° C y hasta puede disminuir la relación de conversión de luz solar-electricidad en más de un 20 por ciento a estas temperaturas.

¿Alguna vez te has preguntado por qué la arena de la playa es más cálida que el aire en los días soleados? Bueno, eso ys porque la arena is el conductor mejor que el aire. Y los mismos principios se aplican a las células de silicio, as arena contiene silicio. Así que necesitas vigilar las temperaturas y controlarlas para la máxima generación de electricidad.

Sin embargo, las células solares policristalinas son por lo general la mejor oportunidad para un proyecto de DIY casa paneles solares.

Amorfo (Thin-film))

Las células solares amorfas son uno de los tipos más recientes de células solares. Estos son muy versátiles, ya que pueden ser utilizados para producir electricidad en formas que la tecnología cristalina no sería capaz de. Básicamente, los átomos de silicio no están ordenados en una red cristalina como en las células cristalinas.

Con esta tecnología, no crecen; los cristales, pero la silicona is depositada en la capa muy delgada sobre el soporte de soporte. Aunque el proceso de producción es complicado, conducen a producir células amorfas con menos energía. Estos paneles consumen menos tiempo y son caros de hacer, so que se pueden producir con una mejor eficiencia.

Otra gran ventaja para las células amorfas is la capacidad de ser flexible. Esto is posible por las capas delgadas del silicio, que se aplican. Hoy en día, ya hay muchos usos creativos de células amorfas flexibles disponibles para diferentes usos. Por ejemplo, adjuntable a bolsos, etiquetas, ropa, etc.

Sin embargo, los paneles amorfos tienen muchos inconvenientes, especialmente en la eficiencia. Son sólo 5-6% eficientes, que no es mucho para una instalación diferencias del sistema solar para su hogar. Asimismo, los altos niveles de impurezas pueden provocar caídas en la relación de conversión de la luz solar, cuando los paneles solares comienzan a generar electricidad.

X, estos son los tipos más comunes de tecnología de células solares, que han demostrado su fiabilidad en el camino, por lo que son un muy buen comienzo para mirar en más profundidad, al considerar la construcción de sus propios paneles solares. Hay un montón de otras tecnologías emergentes de células solares, pero tienen que ser desarrollados y puestos a prueba.

Para sospech algunos, hay tecnologías del grupo III-V (usadas en el sector Aeroespacial) que son muy costosas; células fotovoltaicas de cinta de cuerda, que están evolucionando, ofreciendo, en algunos casos, niveles de eficiencia más altos que el silicio y son también más baratas de hacer; BIVP-sirviendo a tanto producir electricidad y material de construcción; sistemas concentradores, que utilizan lentes para reunir la luz del sol en una forma concentrada para aumentar la eficiencia de las celdas solares; dispositivos de Unión y otros.

Un montón de grandes tecnologías para elegir, pero la decisión, que tipo de paneles solares para ir, es todo tuyo para hacer.

FACTORES QUE AFECTAN LAS CELDAS FOTOVOLTAICAS

Eficiencia Inversor

Cuando el sistema solar fotovoltaico su función es atender a las necesidades de las cargas de CA un *inverter* is necesario. Tal como están las cosas, en el mundo real nada es 100% eficiente. Aunque los inversores vienen con una amplia gama de eficiencias, pero los inversores solares típicamente asequibles son entre el 80% y el 90% de eficiencia.

Temperatura

Alta temperatura puede reducir la producción de energía. Una temperatura más alta aumenta la conductividad del semiconductor, las cargas se equilibran dentro del material, reduciendo la magnitud del campo eléctrico, inhibiendo la separación de la carga, lo que reduce el simbolismo a través de la célula. Dependiendo de la ubicación, el calor puede reducir la producción entre un 10% y un 25%.

En el entorno construido, hay un par de maneras de hacer frente a la alta temperatura. Instale paneles solares en un sistema de montaje a pocos centímetros del techo, esto ayudará a enfriar al permitir la circulación de aire. Utilizar paneles fotovoltaicos que están diseñados para ser más eficientes en climas más cálidos. Asegúrese de que los paneles se construyen con materiales de color claro, para reducir la absorción de calor. Los inversores y combinadores se pueden mover en el área sombreada detrás de la matriz.

Sombreado

Idealmente los paneles solares deben estar situados de tal manera que nunca habrá sombras en ellos, porque una sombra en incluso una pequeña parte del panel puede tener un efecto sorprendentemente grande en la salida. Las celdas dentro de un panel son normalmente todas cableadas en serie y las celdas sombreadas afectan el flujo de corriente de todo el panel. Pero puede haber situaciones en las que no se puede evitar, y por lo tanto los efectos del sombreado parcial deben ser considerados en la planificación. Si el área afectada is de conexión en serie (en cadena) con otros paneles, entonces la salida de todos los paneles serán afectados por el sombreado parcial de un panel. En tal situación, la solución evidente is evitar los paneles del cableado en serie si es posible.

Laminado y polvo

La suciedad y el polvo pueden acumularse en la superficie del módulo solar, bloqueando parte de la luz solar y reduciendo la producción.

Elevador De Tensión De La Batería

Siempre que las baterías necesarias de apoyo son necesarias para el almacenamiento de carga. Las baterías de plomo ácido se utilizan con mayor frecuencia. Todas las baterías literalmente menos de lo que entran en ellos; la eficiencia depende del diseño de la batería y la calidad de la construcción; algunos son ciertamente más eficientes que otros.

VENTAJAS DE LOS PANELES SOLARES

El panel solar is el mecanismo que se utiliza para absorber la energía del sol para generar calor o en muchos casos la electricidad. Es is también se conoce como una célula fotovoltaica ya que está compuesto de muchas células que se utilizan para convertir la luz del sol en electricidad. La única materia prima para estos paneles solares is el sol. está hecho de tal manera que las células se enfrentan al sol para permitir la máxima absorción de los rayos solares. Cuanto mayor sea la energía del sol is, más la electricidad que i generó. Los paneles solares se utilizan en muchos hogares en el mundo debido a sus muchas ventajas que son mucho más que desventajas.

Las ventajas son;

* Sin emisión

Una ventaja muy importante del uso de paneles solares es que no emiten ningún gas que sea común en las casas verdes. Los paneles no emiten humo, químicos o metales pesados que puedan ser factores de riesgo para la salud humana. Por lo tanto, los paneles solares son respetuosos con el medio ambiente en comparación con la quema de combustibles fósiles para generar energía. Esto is muy importante ya que las emisiones de carbono son peligrosas y evitar su emisión ayuda en la protección de nuestro medio ambiente presente y futuro. Ser respetuoso con el medio ambiente es importante ya que el gobierno está constantemente llegando a formas de controlar el calentamiento global y el uso de paneles solares is una gran manera de empezar. Por lo tanto, los paneles solares mantienen un ambiente limpio y dejan el aire fresco. Lo más importante es que ayudan en la prevención de muchas incidencias de cáncer. Esto is porque se ha dicho que algunos productos de algunas Fuentes de energía como la energía nuclear causan cáncer debido a la iniciación de mutaciones en las células.

* Energía libre

El uso de paneles solares asegura la energía gratis para aquellos que lo utilizan. Esto is principalmente porque el coste incurrido es el de la instalación. Una vez realizada la instalación, la energía es gratuita ya que el panel no requiere mantenimiento regular ni combustible para su funcionamiento. Tampoco requiere materias primas para su funcionamiento. Esto trabaja con el ángulo largo con el ángulo dels hay unos rayos solares, que is la cosa pregunté en la mayoría de las partes del mundo. En un mundo donde la distribución igual de los recursos se busca continuamente ys, esto es muy importante puesto que todos y cada uno tiene los mismos derechos cuando se trata de la utilización de la energía solar. Esto es porque la energía del sol cae sobre todos. Esto is la buena manera de mantener la igualdad as en comparación con la energía de los combustibles fósiles, que las familias de bajos ingresos no permiten en muchos cases.

* Descentralización del poder

También hay la ventaja en eso, el uso de paneles solares permiten la descentralización del poder. Esto ys muy importante puesto que is muy barato. Esto is principalmente porque cuando la potencia ys no descentralizada, tiene que ser compartido por todos y is as el resultado transportado a muchas regiones. Con este suceso, se incurre en muchos costos. Estos incluyen el desgaste de los vehículos, la contaminación del aire, entre otros. Estos costos se incorporan todos en la electricidad sintética de los individuos as el gobierno no cubre los gastos. Por lo tanto, es más ventajoso utilizar los paneles solares como un plan de ahorro y para crear un sentido de justicia, ya que los que están en el poder tienden a tomar ventaja y utilizar sus posiciones para malversar los fondos. Esto no es justo por parte de los ciudadanos. Esto is porque la mayoría de ellos luchan para hacer los fines se encuentran.

* Operar sistema fuera de la red

Un panel solar puede ser operado fuera de la red. Esto is una gran ventaja para los que viven en zonas muy aisladas o en las regiones rurales. Fuera de la red significa que la casa is no conectado a la red gobernador del estado's. Esto tiene la ventaja de bajo costo ya que la instalación puede ser muy caro para aquellos que viven en zonas aisladas. Estos individuos tienen sus líneas de energía desconectados en muchos casos debido al hecho de que is a veces menos asequible para muchos. Los paneles solares ofrecen una solución para esto, ya que no requieren tanto para ser instalado. Sin embargo, los que viven en las ciudades también pueden utilizar la técnica fuera de la red. Una ventaja añadida en esto is que no hay reglas que gobiernan si se quiere o no operar fuera de la red o en la red cuando se trata de la utilización de los paneles solares. Sin embargo, este es un problema cuando se utiliza el combustible fósil generado electricidad.

* Generar oportunidades de empleo

Los paneles solares generan oportunidades de empleo. Esto is de gran importancia desde allí is una tasa muy alta de desempleo en el mundo de hoy. Estos puestos de trabajo se producen en la forma de, la fabricación de los paneles solares, la investigación sobre las mejoras, el mantenimiento, el desarrollo y la integración cultural. Con la presencia continua del sol, estos puestos de trabajo están garantizados ya que is mejoras continuas y modificación de este dispositivo. Trabajos como el mantenimiento y la instalación no requieren una formación a largo plazo y por lo tanto son más ventajosos para aquellos que no tienen muchas habilidades y son São.

• **Control de precios**

El uso de la energía solar está a salvo de las manipulaciones de precios y de la política. El hecho de que no haya materias primas controladas únicamente por los monopolios asegura que no haya manipulación de los precios en el caso de los combustibles fósiles. Con los combustibles fósiles, los precios pueden aumentar a medida que los poderes monopolizadores los controlen. Había is también menos competitividad con el uso de los paneles solares puesto que no hay ninguna lucha sobre tales cosas como los campos petrolíferos y otras materias primas. Aunque el gobierno ha comenzado a abordar la cuestión de los paneles solares, hay ys poca influencia que pueden tener en la manipulación de los precios. Esto is porque nadie controla la materia prima principal.

* Protección o Preservacion del medio ambiente

Allí is también menos la destrucción del medio ambiente con el uso del panel solar. Esto es porque no hay cases de la minería o la extracción de materias primas que finalmente conducen a la destrucción de bosques y cuencas hidrográficas. Con el uso de paneles solares, hay menos de esto y por lo tanto hay lluvias constantes que impulsan en gran medida la producción y por lo tanto el ingreso nacional de todos y cada uno de los países. Muchos países se enfrentan a problemas de hambruna debido a la destrucción de los bosques para obtener combustible. Esto se puede prevenir mediante el uso de paneles solares.

- **Fiabilidad**

Hay is una ventaja de la fiabilidad en el uso de los paneles solares. Esto is porque allí is capacidad de predecir la cantidad de sol a esperar cada día. Por lo tanto uno tiene la garantía de la energía. Los dispositivos también están hechos de tal manera que pueden absorber los rayos solares, incluso cuando hay unas pocas nubes y los rayos solares no son muy fuertes. La energía solar is también renovable. Por lo tanto, puede ser utilizado sobre y sobre sin agotarse. Aunque la energía solar no puede ser utilizada en la noche, él funciona con toda la fuerza durante el día, que is de gran importancia. La energía también se puede almacenar en forma de baterías para su uso durante la noche.

* Sin ruido

Todo el mundo ama un poco de paz y tranquilidad. Esto es algo que se obtiene cuando se utilizan paneles solares. Esto is porque son muy silenciosos. Allí is no hay ruido que revela el hecho de que el panel solar is allí aparte del hecho de que usted puede see. Esto es una buena cosa ya que hace el medio ambiente Pacífico en comparación con el viento y el agua generaron Fuentes de alimentación que tienen partes móviles que son bastante 2.0 y destruir la paz. Por lo tanto, los paneles solares son buenos para el uso de las personas que viven en los Estados donde las mangueras están cerca unos de otros. Esto is porque con el silencio, la paz se mantiene entre los vecinos.

* Mínimo espacio requerido

Al instalar paneles solares, allí is no requiere instalación a gran escala. Por lo tanto, requieren muy poco espacio para instalarse. Esto is muy importante cuando se trata de regiones de estrategia crecimiento y ciudades. La instalación implicará principalmente una sola célula para generar energía continuamente. Por lo tanto, una casa requiere una sola célula. Por lo tanto, no hay congestión ni suministro continuo a la alta demanda de energía. Esto mantiene una buena imagen en una comunidad ya que la aglomeración puede hacer el lugar menos atractivo que puede impedir que la gente se traslade a la zona, ya que todo el mundo quiere vivir en algún lugar que consideran hermoso, por esta razón, el uso de paneles solares no interfiere con las ventas de bienes raíces.

- **Durabilidad**

Los paneles solares son duraderos. Este is porque no hay partes móviles en el dispositivo. Por lo tanto, esto reduce la posibilidad de que se destruya. Es posible utilizar un panel solar por un período muy largo de tiempo sin tener que comprar otro, los estudios estiman que puede durar más de diez años. Tal dispositivo es beneficioso porque reduce el estrés que se produce cuando una máquina deja de funcionar porque algo se perdió o se desgastó. Allí is también reducido el coste de mantenimiento puesto que él is es menos propenso al desgaste. Esto generalmente hace que el dispositivo muy fácil de manejar para una persona con muy poca habilidad en el manejo de un panel solar.

- **Es rentable**

Muchas empresas que invierten en energía solar obtienen la ventaja de mayores beneficios. Esto es porque recortaron los costos incurridos en la electricidad y el resto de las ganancias están en la mayoría de cases usado para expandir el negocio. Esto ys muy ventajoso. Las estadísticas muestran que las empresas que utilizan paneles solares tienen mayores rendimientos en comparación con las que utilizan otras Fuentes de energía. Esto puede deberse al hecho de que la electricidad puede ser muy cara y puede hacer que estas empresas no puedan permitirse el lujo de activos. Esto is especialmente evidente en las pequeñas o nuevas empresas. También hay una ventaja que los clientes obtienen cuando reciben servicios de una empresa que utiliza energía limpia. Este es el hecho de que pueden tener acceso a los incentivos del gobierno que se ponen a disposición de estas empresas.

- **Reduce carga de impuestos**

El uso de paneles solares permite a las personas y empresas disfrutar de los beneficios de los bajos impuestos. Esto se debe a que en la mayoría de las partes del mundo, los impuestos que se cobran son aproximadamente un treinta por ciento menos as en comparación con el uso de otras Fuentes de energía. Con todos los impuestos que uno tiene a pay para cada artículo comprado, esto is una gran oportunidad de reducir el gasto en impuestos. Desde allí is no hay factura mensual cuando se utiliza un panel solar, lo hace libre de impuestos. Al usar la energía del combustible fósil, esto is ninguna opción puesto que uno tiene que pay su electricidad sobre una base mensual que en la mayoría cases es gravado pesadamente.

- **Bajo consumo de energía**

El Tamaño del panel solar requerido por metro para dar el máximo de energía pequeña. Cuando hay ys pleno sol, uno is capaz de conseguir alrededor de mil vatios por metro. Esto es equivalente a unas 2900-watt horas por día. Sin embargo, esto depende de la zona en la que se localiza, la época del año y la fuerza en la que los rayos del sol alcanzan el panel solar. Por esta razón, hay momentos en que uno recibe más energía en comparación con otros. Sin embargo la energía da el efecto deseado incluso en la intensidad baja y is por lo tanto todavía muy fiable.

- **Seguridad**

Es muy poco probable escuchar que alguien se lesionó al utilizar un panel solar. Esto es porque hay pocos cases de choques eléctricos que son muy frecuentes cuando se utilizan otras Fuentes de electricidad. Por lo tanto, es seguro utilizar los paneles solares para las personas. Esto crea menos incidencia de emergencias. Sin embargo, las medidas cuidadosas deben ser tomadas por la persona que hace la instalación, ya que hay casos en que los cables se dejan desnudos y pueden causar un choque al ser tocados. Esto ys raro cuando el cableado se hace correctamente. También se debe tener cuidado ya que el techo podría estar emitiendo electricidad constantemente.

- **Respetuoso con el medio ambiente**

Los paneles solares no son propensos a la destrucción por las duras condiciones ambientales. Por esta razón, no se destruyen fácilmente, esto is importante puesto que el mecanismo is puesto afuera para absorber los rayos solares. Lo bueno de esto ys que puede ser usado por la gente que vive en las regiones donde el tiempo es arriba y abajo en la mayoría cases.

Todas estas son grandes ventajas que vienen con el uso de paneles solares. Los paneles solares se pueden utilizar en cualquier entorno, ya sea en escuelas, hogares o empresas

COMO INSTALAR APROPIADAMENTE PANELES SOLARES

La energía Solar es la forma más económica y amigable con el medio ambiente para calentar, obtener electricidad y agua con sólo un pequeño esfuerzo. IT is la forma preferida de obtener suficiente energía para la satisfacción de sus necesidades diarias. La energía Solar ha hecho que el uso de paneles solares sea cada vez más popular. Sistema de energía Solar en realidad puede recoger la energía del sol y convertirlo en energía renovable para su uso diario. Este libro revelará algunos puntos que usted necesita considerar al instalar paneles solares.

1. Solicitar Permiso de las Autoridades locales

Antes de la instalación de los paneles solares, asegúrese de que tiene permiso de las autoridades locales, as estas están prohibidos para uso doméstico en muchas ciudades debido a razones estéticas.

Comuníquese con las autoridades locales de zona de su área para poseer una licencia antes de la instalación.

2. Decidir el Lugar Correcto

Por lo general se instalan en los tejados con el fin de recibir la cantidad de luz solar directa y máxima. Esto is vital instalar los paneles solares en el lugar donde se expone directamente al sol para cumplir a la capacidad óptima. Los ángulos de posición se pueden calcular fácilmente dependiendo de la latitud en la que se están instalando. Asegúrese de que la integridad estructural del techo puede soportar los paneles pesados para su hogar.

3. Montaje de los paneles Solares en la viga del Techo

El paso siguiente para instalar los paneles fotovoltaicos solares es montaje. Tres variedades principales de monturas de paneles solares disponibles son los monturas de postes, el sistema de montura de Suelo y techo, y los montajes de descarga. Con estos montajes puede instalarlos en el techo o fijarlos a través de una unidad de pie libre. Por lo general, el sistema de montaje en Suelo se utiliza para fijar el panel a la cubierta y también proporcionar apoyo al panel desde la parte inferior. Los soportes de techo también permiten ajustar el sistema para producir la potencia necesaria. Asegúrese de que el montaje se coloca a una distancia de aproximadamente 48 pulgadas y se encuentra directamente en la parte superior de la viga del techo. Cada uno debe ser montado a la alineación solar e interrelacionado adecuadamente. Cada pieza montada debe ser revisada cuidadosamente para asegurarse de que son seguros y sanos y a prueba de fugas.

4. Anclar Los paneles Solares al sistema de Estanterías

Con la ayuda de un bit piloto, perforar un agujero en los montajes para mantener las vigas juntas y para evitar la separación. Ate la base de la montura mediante el uso de pernos de latón de acero inoxidable. El poste del montaje debe ser fijado en la base. Tenga en cuenta para colocar el metal del techo parpadeando sobre cada uno de los montajes para evitar que el techo gotee. Conecte las estanterías solares de aluminio a los rieles metálicos para completar el sistema de estanterías. Ahora adjunte los paneles al sistema de estanterías con la ayuda de un hardware adecuado. Asegúrese de que tanto los paneles como el sistema de estanterías estén adecuadamente encalados de acuerdo con los códigos eléctricos locales.

5. Montaje de las uniones En el Circuito Eléctrico

Por último, interconectar los paneles mediante la instalación de todas las uniones presentes en la parte posterior de cada panel y fijar los cables eléctricos en sus terminales adecuados. Después de la interconexión de los cables eléctricos, cerrar todas las cajas de conexiones abiertas.

Su panel solar is instalado ahora y listo para el uso. Ahora puede encender las luces y usar su propia fuente de energía. De hecho, la tecnología solar le ofrecerá varios años de Servicio satisfactorio y competente.

DONDE INSTALAR TUS PANELES SOLARES?

Los paneles solares ofrecen una forma rentable de generar energía renovable y natural. Energía Solar ys una fuente de energía fiable que le ahorra dinero en costes de energía y ayuda a la declaración de nuestro medio ambiente. La instalación de paneles solares es la mejor manera de generar energía solar y transformar su casa en un generador de energía. El sistema Solar eléctrico consiste en células fotovoltaicas que convierten la luz solar en una energía renovable y limpia. Si la verdad sea dicha, la instalación de paneles solares es una opción valiosa para la creación de su propia electricidad para el gasto diario

Quitar el panel de la luz Directa

Antes de instalar su sistema eléctrico solar, Es muy crítico para identificar el lugar adecuado de instalación. Es muy importante para los sistemas eléctricos solares obtener la máxima cantidad de luz solar con el fin de realizar a la capacidad óptima.Estos sistemas eléctricos generalmente se instalan en el techo, en la parte superior de la construcción o en unidades independientes para recibir la máxima luz solar. El instalador de paneles solares le ayudará a identificar la posición correcta para la instalación de las células fotovoltaicas so directamente pueden recibir la luz solar para la máxima eficiencia.

Elevar Eliminación De Objetos Innecesarios

Al seleccionar la ubicación correcta para la instalación de la unidad fotovoltaem, asegúrese de elegir un lugar donde los árboles, recortar ramas, follaje y otros objetos innecesarios no obstruirá la luz solar. Como estos objetos pueden causar sombras diurnas que tendrán un efecto marcado en la eficiencia de su sistema.

Elevan te revisa el soporte para Techo Optim

Otra consideración importante durante la instalación de su panel es comprobar el soporte óptimo de la zona de techo. Asegúrese de que su techo ys sonido estructuralmente y tiene suficiente capacidad para apoyar los sistemas eléctricos solares.

Montaje de un sistema eléctrico Solar

Después de determinar la ubicación correcta para la instalación de su panel, otra consideración importante is el montaje que se utiliza para instalar células fotovoltaicas. Hay una variedad de montajes disponibles para paneles eléctricos solares (fotovoltaicos) incluyendo montajes de postes, montajes de escalera o montajes de techo. Su instalador de paneles solares le ayudará a elegir el tipo correcto de soportes.

Instalación del sistema Solar eléctrico le proporcionará la fuente de energía renovable más,ooedora que sin duda reducir su gasto mensual de energía. Es una forma lucrativa y rentable de generar energía solar no contaminante, segura y limpia para la Calefacción y generación de electricidad en interiores. Seleccionando el lugar correcto para instalar el panel eléctrico solar is muy crítico. La colocación de células solares fotovoltaicas en el lugar correcto impulsará la eficiencia del sistema de energía solar. Conseguir la ayuda del contratista profesional del sistema de energía solar ys una decisión que vale la pena en este sentido. Él le guiará mejor en la determinación de la ubicación correcta y la elección del tipo apropiado de su sistema eléctrico solar.

RASONAS POR LA QUE NECESITAS UNA GUIA PARA INSTALAR PANELES SOLARES

DIY paneles solares no tiene que ser la tarea más difícil en la Tierra, pero a veces hacerlo usted mismo puede ser un proceso de enormes proporciones. Algunas personas no tienen la paciencia, algunas se quedan atascadas en un cierto paso, pero otras quieren que alguien les muestre todo el proceso de principio a fin paso a paso. Aquí están algunas razones comunes por las que necesita una guía para construir paneles solares.

Valor del ahorro de tiempo

La razón más importante para una guía de paneles solares DIY tiene que ser el ahorro de tiempo que se puede obtener. Simplemente, cuando usted consigue una guía de instrucción, toda la información dispuesta para usted listo para usar enseguida. Todos ys reunidos juntos. No se necesita buscar en foros, blogs y otros sitios web.

El tiempo se puede perder haciendo búsquedas masivas de información, cómo construir paneles solares desde cero, is tremendo. Por lo general va así: se encuentra alguna información sobre cómo empezar a construir usted mismo; luego se inicia todos los esfuerzos de bricolaje, pero pronto golpeó un paso, cuando realmente no entiende, lo que debe hacer en él. Entonces todo el tiempo de búsqueda duradera se produce. No es raro buscar durante semanas la información necesaria.

Por el rec, con una guía se elimina todo lo que la búsqueda con sólo seguir los pasos descritos. Es muy poco probable que usted se quedará atascado en alguna parte, si el guía tiene todos los pasos necesarios incluidos para hacer el trabajo. Esto ys su decisión de hacer lo valioso que su tiempo is.

Ver como un profesional lo hace

Es esencial que alguien le muestre exactamente cómo hacer un sistema solar desde cero. Y esto ys el case donde el vídeo demuestra ser el mejor. La mayoría de nosotros absorbemos fácilmente la información visualmente mejor que leyendo o escuchando audio.

Con una completa guía de paneles solares de bricolaje se puede esperar terminar la obra en poco tiempo, si se sigue atentamente los pasos descritos.

Consejos de la constructora

¿A quién elegirías: a una persona que ha construido un panel solar una docena de veces o a una persona que lo ha hecho una vez?

Un constructor experimentado conoce mejor los errores comunes que puede cometer a lo largo del proceso. Él puede guiarte a través de todos los atajos y hacer la vida más fácil para TI. Esto is siempre más fácil hacer lo que se le dice que inventarlo usted mismo.

MODULOS DE CELDAS SOLARES

El módulo fotovoltaico is el paquete de las células solares, que se conectan en la matriz. Son más comúnmente conocidos as un panel solar y usados en una aplicación más amplia tal as la generación de energía solar residencial o comercial.

Cada módulo PV is limitado en la cantidad de electricidad que puede producir tantas instalaciones contienen varios módulos conectados la creación de una matriz solar. Una típica instalación fotovoltaica contiene varios módulos fotovoltaicos, un inversor, cable de conexión, y las baterías.

Los paneles solares utilizan fotones a partir de la luz solar para generar electricidad a través del efecto fotoeléctrico. Las células solares son típicamente obleas cristalinas construidas de silicio.

Para utilizar la célula fotovoltaem en aplicaciones prácticas-deben estar conectados entre sí en un sistema

Protegido de daños mecánicos durante el transporte, la instalación y el uso. Plexiglas se usa habitualmente para la DeclaraciÃ3n de las CÃ lulas en el recinto. Las células solares son increíblemente frágiles. Se rompen fácilmente en el transporte y en condiciones climáticas extremas.

Protegido de la humedad-el alambre de tabbing y las células necesitan ser protegidos de la humedad so que la conductancia se optimiza. El alambre de tabbing corroído y las células solares llevan a una menor eficiencia.

Las conexiones eléctricas están hechas en serie para producir una salida óptima. Los diodos de bloqueo se utilizan para evitar el sobrecalentamiento debido a las desconexiones constantes que se producen a consecuencia de la exposición limitada a la luz solar.

También es importante asegurarse de que el sistema recibe suficiente ventilación so el sistema no se sobrecaliente.

Se está desarrollando una nueva tecnología llamada concentradores que utilizan lentes y materiales reflectantes para concentrar la luz solar en rayos dirigidos a las células solares. Esto aumenta la salida del panel solar total. En lugar de instalar más celdas, hace un mejor uso de las celdas actuales ya existentes.

Arreglo Solar- Determinar el arreglo máximo de voltaje en el sistema fotovoltaico.

Los paneles solares fotovoltaicos vienen en diferentes tamaños de potencia y están diseñados para suministrar energía a su hogar. Por lo general, los paneles solares se clasifican por su potencia de salida nominal que is dado en vatios. Esta clasificación de potencia es la cantidad de energía que un solo panel solar puede producir en una hora pico de luz solar. Uno de los mayores desafíos técnicos a superar con todas las instalaciones fotovoltaicas, independientemente de la configuración, is el dimensionamiento correcto del sistema para satisfacer las demandas de la casa.

El Tamaño del sistema fotovoltaico requerido varía de casa en casa. Pero determinar el número óptimo de paneles y la potencia total de su sistema solar en requiere conocimiento del uso de su hogar y algunas matemáticas simples. Para ayudarle a superar algunos de estos desafíos, este libro recopilará una guía fácil de seguir, paso a paso que le ayudará a medir fácilmente su sistema fotovoltaico.

Determinar las horas Máximas Solares Disponibles Por día

Los paneles solares se venden típicamente por el pico de watt. Cuando el sol is en su intensidad más fuerte o más alta habitualmente al mediodía en un día claro, produce cerca de 1000 vatios por m2 de la radiación solar directamente en la superficie de la Tierra's. Una hora como máximo, o 100% de luz solar recibida por un panel solar equivale a una hora solar equivalente. Así que si un panel solar is clasificado por ejemplo 100 Wp (vatios pico) que suministraría 100 vatios de potencia pico en la parte más brillante del día. Si el pico medio de las horas solares para un lugar particular is dado as 4,5 horas, esto significa entonces que nuestro panel solar proporcionará 450 vatios-hora al día de pico de la electricidad.

Obviamente el sol brilla más de 4,5 horas al día. Los datos climáticos dados para una ubicación particular en la superficie de la Tierra's daría los datos de intensidad solar en términos de horas pico del sol, so la intensidad de los soles desde la salida del sol a horas pico y de vuelta a la puesta del sol durante todo el día será un porcentaje de las horas pico y por lo tanto la producción de energía de una célula fotovoltaem también será un porcentaje del máximo durante estos tiempos. Por ejemplo, a primera hora de la mañana un panel solar de 100W puede producir solamente 25 vatios, luego al mediodía produce los 100 vatios completos, y por la tarde sólo 25 o 30 vatios de nuevo.

Decidamos Sus Necesidades De Energía En Términos De Vatios Por Hora

Para determinar la potencia total requerida de un sistema solar fotovoltaico para alimentar un hogar, las necesidades de energía gobernador en términos de vatios por hora deben ser evaluadas en primer lugar. Para resolver los requerimientos de energía de sus hogares, necesitan hacer algo de tarea primero. Todo el mundo's el consumo de energía es diferente por lo que al listado y sumando los aparatos, luces y TV's con sus necesidades de energía por hora en términos de vatios se llega a la vatios-hora total por día que necesita.

La clasificación final de energía del sistema solar puede entonces ser sociada y dimensionada, basada en la porción del consumo de energía gobernador de los hogares para ser suministrada por el sistema. Así por ejemplo, un sistema que is necesario para suministrar el 100% de electricidad solar sería el doble del Tamaño de un sistema diseñado para suministrar sólo el 50% del consumo. A continuación, un sistema fotovoltaico puede ser dimensionado para proporcionar una parte o la totalidad de su consumo eléctrico.

Elevadores de tensión optimizan sus necesidades de Energía y Uso

La capacidad del sistema solar fotovoltaico para producir la energía gobernador gratuita is no ilimitado. Se limita por el número de horas al día el sol brilla y lo is limitado por el área física disponible para instalar los paneles solares. Dejar accidentalmente una bombilla encendida durante el día puede fácilmente consumir y desperdiciar cantidades innecesarias de energía. El ahorro y la reducción de sus necesidades de energía mediante el uso de bombillas y aparatos de bajo consumo no sólo le ahorra dinero, sino que puede reducir el Tamaño final y el costo de su nuevo sistema solar fotovoltaico.

Los sistemas solares están diseñados para una cierta cantidad de consumo de energía, y si el hogar excede los límites previstos esta energía adicional tendrá que venir de la red de servicios públicos que le cuestan dinero. Un hogar de eficiencia energética reduce el número de paneles solares necesarios, haciendo la instalación del sistema más barato, menos complicado y la reducción de su período de recuperación de la inversión de so reducir su consumo de energía y reducir sus necesidades de energía as mucho a posible.

Determinar el tipo de paneles Solares que Desea Utilizar

Hay muchos cientos de paneles solares de diferentes tamaños disponibles para elegir entre que van desde 50 vatios a 250 vatios por panel a 12, 24 o 48 voltios y todos con su propio conjunto de ventajas y desventajas. El número y tipo de paneles solares necesarios para captar suficiente energía solar para apoyar su consumo eléctrico juega un papel importante en el diseño, dimensionamiento, funcionamiento simbólico y costo de su sistema solar fotovoltaico.

Un panel solar típico se compone de una rejilla de células solares individuales. Hay diferentes tipos de células solares a considerar. Los paneles solares de silicio monocristalino son los más eficientes en la conversión de la energía solar solar a electricidad libre, pero también son los más caros. Los paneles de silicio policristalino son ligeramente menos eficientes que los monocristalinos, pero tienden a ser más baratos ya que son más baratos de producir. Los paneles solares de capa fina son los menos eficientes, pero también son los más baratos. Los paneles solares de capa fina son especialmente versátiles, ya que la película de silicona es fina y flexible. Compre en el mercado para encontrar los mejores paneles que se adapten a sus necesidades.

Tamaño De Su Matriz Solar

Para estimar el Tamaño de su matriz solar, usted tendrá que dividir el total de watt-horas previamente sociadas por las horas pico de la luz solar que debe obtener la potencia total de los paneles solares que necesitará y luego añadir un poco extra para compensar los días nublados. Esto nos da el número total de paneles solares que necesitamos para generar una cantidad dada de Watt-horas (o kWh) para nuestro hogar en nuestra ubicación dada. Por ejemplo, si necesitamos un sistema de 1000 vatios, es decir 10 recuerde 100 vatios paneles o 5 recuerde 200 vatios paneles.

Puesto que los paneles solares se utilizarán para abastecer directamente el hogar con la electricidad solar gratuita o para cargar las baterías, él is necesario decidir Cuál será el CD nominal simbólico del sistema. Dependiendo del almacenamiento requerido de la batería y el dimensionamiento del inversor, la configuración de los paneles solares puede ser conectada en una configuración de serie, una configuración paralela o ambas. Si usted quiere fiabilidad durante todo el año, lo mejor es utilizar la más baja CD simbólica y la calificación de potencia posible para reducir las averías y para mantener nuestro sistema eléctrico solar funcionando sin esfuerzo y económicamente durante los próximos años. La potencia máxima del panel solar que va a utilizar se encuentra en las especificaciones de los fabricantes.

El dimensionamiento de la disposición solar ys no as difícil como usted puede pensar, pero hay dos factores a tener en cuenta primero para hacer su vida más fácil. 1), ¿Cuál es la cantidad promedio de horas de sol por día en su área local (que se puede encontrar en el Ayuntamiento o la biblioteca) y 2), lo que is el consumo diario de energía de sus cargas eléctricas. La luz del sol es igual a la luz del sol y no hay mucho que se puede hacer para aumentarla, pero la reducción de la demanda gobernador de su casa puedeincarle mucho dinero a largo plazo, as bien as reducir el Tamaño de su matriz solar.

Pero hay cargas eléctricas que no son rentables para el uso de energía solar, ya que su consumo sería más de lo que la matriz solar podría suministrar. Cualquier carga que requiere electricidad para generar calor tales como Calefacción de agua, Calefacción de space, cocina, aire acondicionado, etc. todos estos dispositivos deben ser alimentados por otros medios.

RAZONES PARA INSTALAR UNA MATRIZ SOLAR

Con toda la charla de la energía alternativa en las noticias últimamente, usted puede comenzar a preguntarse cómo usted puede ser una parte de ella. Hay muchas maneras de involucrarse desde los coches híbridos hasta el calor geotérmico y la refrigeración. Una de las mejores maneras, sin embargo, es solar. Realmente, aquí hay algunas excelentes razones para instalar paneles solares en su casa.

1) Ahorrar Dinero-las tarifas de Electricidad han estado aumentando desde hace bastante tiempo y no se espera que inviertan esta tendencia. Realmente, algunos expertos creen que las tarifas de electricidad podrían dispararse en los próximos años. Con solar, te aíslas de estos problemas. Una vez que instala un sistema completo, nunca tendrá que pagar una factura de electricidad de nuevo. Eso ys una gran sensación. Incluso si instala un sistema que sólo soporta una parte de sus necesidades, está reduciendo su factura de electricidad cada mes.

2) los apagones No Ocurren - Si usted ha vivido alguna vez a través de un apagón de varios días usted sabe cuánto incomodar esto is para decirlo suavemente. Con una matriz solar completa, usted siempre tendrá energía, incluso si sus vecinos no lo hacen (dependiendo de cómo usted tiene su matriz configurada). Cortaste tu dependencia a la compañía de energía. De hecho, esto puede sentirse Liberador, lo que podría ser otra razón para el solar!

3) Aumentar El valor de su Hogar's-Solar is un elemento muy deseable en el mercado inmobiliario. Por supuesto, si usted tiene la intención de moverse muy pronto la instalación de un sistema solar no tiene sentido. Sin embargo, si usted va a pasar muchos años en su casa y en Última instancia el deseo de vender, puede aumentar su precio de venta. Una investigación reveló que un sistema solar que ahorra $ 1,000 por año en la gobernador de síntesis aumenta el valor de la casa's en $ 20.000.

4) la Declaración del medio Ambiente-la energía Solar is renovable y depende de los combustibles fósiles. Por esta razón, solar is la tecnología limpia. Al invertir

en una matriz solar estás ayudando a hacer de la tierra un lugar más limpio.

5) la Tecnología ys el Fresco-esto is no el beneficio citado a menudo pero esto is la realidad. La disposición solar is el gran iniciador de la subir as la gente tiene el interés en ello. Además, si tienes hijos o nietos es un gran experimento de ciencia viva. La enseñanza sobre los diversos aspectos del sistema puede llevar a muchas conversaciones interesantes y contag. ¡Al hablar con la gente y sus hijos están ayudando a difundir la palabra sobre la energía solar y ayudando a la tierra y a otros en el proceso!

Por supuesto, la energía solar ys el tema complicado con muchos aspectos a tener en cuenta. Tome el primer paso y llame a un instalador para ver lo que se necesitaría para instalar un pequeño sistema solar de arranque. ¡Tu cartera y la tierra se alegrarán de que lo hicieras!

LA DIFERENCIA ENTRE INTERCONEXION Y SISTEMAS AISLADOS

Estos son dos tipos básicos de sistemas que necesita conocer antes de promoverse con cualquier tipo de planes para construir un proyecto utilizando energía renovable. Cuando se construye un sistema de energía solar, la construcción de un sistema fuera de la red o un sistema vinculado a la red serán las dos opciones que tendrá que considerar cuando se persigue su proyecto.

el concepto básico detrás de un sistema de la red de is puramente lo que significa. No está conectado a ninguna potencia comercial y tiene total independencia. Con el fin de hacer esto, usted necesita Jn el consumo total de lo que su casa o casa de campo consume en watt hrs. Esto is también cómo la compañía de energía supervisa su consumo de energía también. Ahora, de acuerdo con la cantidad total de vatios hora que consume en ese período de tiempo va a ser en relación con el Tamaño de su sistema de batería que va a necesitar para almacenar esa energía.

Una vez que haya almacenado la energía un inversor será necesario para convertir de la energía de CC a la energía de CA.

El sistema vinculado a la red, ys el sistema, donde usaréis todavía el poder comercial para sus aparatos. También puede incorporar un sistema de batería, si quería operar un sistema fuera de la red también. Pero principalmente lo que esto hace ys si cualquier poder que is generado es mayor que ese poder consumido comercialmente, puede ser vendido de nuevo a su compañía de energía. esto se puede hacer con el tipo especial de inverter, que is directamente Unido a la Caja del metro.

Ambos sistemas pueden ser alimentados por paneles solares que pueden ser Harris por cualquiera. Las posibilidades están al alcance con una guía paso a paso que le mostrará cómo hacerlo. Con un poco de investigación viene el desarrollo.

SYSTEMAS SOLARES INTERCONECTADOS

La mayoría de los hogares en alguna parte del mundo están conectados a la red gobernador, por lo que es más común que las personas que deseen incluir paneles solares en su sistema eléctrico quieran integrarlos en su sistema eléctrico. Un sistema como este puede tener baterías, pero muy a menudo los propietarios renunciarán a las baterías y sólo tienen su sistema conectado a la red.

Componentes de sistemas solares Unidos a la red.

Colección de paneles solares:- una vez que haya evaluado la cantidad de energía que desea producir y la cantidad de su consumo mensual que desea compensar, usted sabrá Cuántos paneles para tener en su colección.

Inverter: - Sus paneles solares estarán creando CD que tendrá que convertir a AC para que pueda ser utilizado para ejecutar los aparatos en su casa.

Interruptores y Desconexión: - esto se asegurará de que su sistema is completamente seguro y que cualquier sobrecarga de energía será tratada sin dañar su sistema en general.

Otras necesidades aparte de los componentes

Acuerdo de interconexión: - este es un documento legal que usted recibirá de la compañía de servicios detallando en todos los organismo de su sistema vinculado a la red. Este documento le dirá cómo atar su sistema particular en la cuadrícula y cuándo puede esperar que inspeccionen el sistema.

Medición neta: - esto le permitirá vender su exceso de energía de vuelta a la red.

Las Ventajas De Un Sistema De Atado A La Red

• Estos sistemas son más fáciles de instalar que un sistema fuera de la red

• No necesita pilas

• Usted puede vender su exceso de energía a la red y compensar sus costos

• A menudo puede obtener descuentos a través de incentivos para la instalación de sistemas fotovoltaicos

La única desventaja de este sistema es que sólo está disponible para las personas que viven en la red.

Equipos Para Sistemas Solares Unidos A La Red

* Inversores centrales

• Micro-Inversores

* Medidor De Potencia

* Paneles solares

* Desconexión de CC

* Panel de interruptores AC

* Medidor de kilovatios-hora

* Desconexión de utilidad

* Cableado eléctrico

Todos estos componentes funcionan juntos en un intrincado estilo para recoger y distribuir la energía limpia y renovable. Comienza a utilizar los paneles solares que recogen la luz solar y la convierten en un regalo eléctrico. La electricidad que estos paneles producen es la energía directa existente (CD), pero desde su residencia as well as la función de red en la alternancia de energía existente (AC), los requisitos de energía solar en bruto para ser convertido.

QUE ES UN SISTEMA AISLADO

Un sistema solar fuera de la red is un sistema de paneles solares que hacen una casa o un hogar enteramente o cerca de la autosuficiencia en términos de producción de energía. Aunque esto is muy difícilmente para construir un hogar verdaderamente autónomo, el sistema de la energía puede ser autónomo por lo menos. Y eso ys muy viable para las casas rurales o cabañas. Además, un sistema solar fuera de la red se puede utilizar simplemente para alimentar el acondicionamiento de la casa para mantener el ático agradable y frío durante los meses de verano.

Un sistema solar completo fuera de la red por lo general consiste en: los paneles solares (una matriz solar) que generan energía, una Caja de combinador de PV-una Caja que protege el sistema de cortocircuitos, controladores de carga, que aseguran que las baterías no van overdrive, y un inversor de corriente, que convierte la energía de CD de los paneles solares a la electricidad de CA utilizable. Un generador eléctrico (impulsado por el viento o el combustible) is opcional, pero en muchas veces necesario, a veces impredecibles patrones meteorológicos pueden interrumpir la fuente de alimentación.

La eficiencia del panel Solar is el aumento del día a día as el progreso de las tecnologías. Los ambiciosos entusiastas de la vida verde predicen que la energía solar será más barata que la red gobernador en el futuro,al menos en las regiones más soleadas. Sin embargo, tenga en cuenta que los paneles solares tienen una fecha de caducidad, y siempre debe comprobar la proyectada "esperanza de vida" de los paneles que opta por comprar. Esto asegurará la viabilidad de su proyecto. En soleado, fuera de la red de sistemas solares puede reducir enormemente los costos de energía, as el pago inicial para conseguir la red a una ubicación remota puede ser bastante alto.

Australia tiene la segunda electricidad más barata en todo el mundo, pero todavía hay numerosas ventajas para el uso de un sistema solar fuera de la red, incluso si usted no ahorra tanto dinero. En primer lugar, le están haciendo un favor al planeta tierra mediante el uso de la energía que se adquiere de los recursos renovables. En segundo lugar, si usted tiene un generador, usted está más protegido contra las fallas de energía que otros habitantes de la misma área. Y por último, la fuente Autónoma de alimentación es una manera excelente de hacerse independiente de las Fuentes públicas, que a menudo no toman bastante cuidado sobre el cliente medio.

Ventajas De Un Sistema De Energía Solar Fuera De La Red

Si usted está interesado en invertir en un sistema de energía solar para su propiedad residencial o comercial, usted probablemente sabe que hay dos grandes categorías que usted puede elegir para ir con; estos son la red conectada o sistemas fuera de la red.

Los sistemas conectados a la red, como su nombre indica, son sistemas de energía solar que están conectados a la red de energía principal y por lo tanto vienen con varios beneficios y caídas. Si usted está interesado en tomar ventaja de varios programas de incentivos financieros restantes que todavía están en oferta, entonces esto is la opción para usted, y si usted es elegible para cualquiera de estos Lou rebaja solar, usted puede obtener una ganancia financiera de su sistema en la parte superior de la fuente de energía reducida sintética.

Muchas personas se están quedando en las zonas donde is muy factible y easy para empezar a vivir fuera de la red, sin embargo la mayoría no se dan cuenta de ello o no entienden sus verdaderos beneficios.

Los sistemas de energía fuera de la red atraen a otros que quieren obtener independencia completa de la red de energía principal. Esta puede ser la opción preferida por varias razones, tal como una lejanía de la ubicación. Muchas personas o familias que optan por una solución de energía solar fuera de la red encuentran que tiene sentido financiero hacer so debido al alto costo de la conexión a la red en lugares muy remotos. Otros eligen fuera de la red solar porque sienten la necesidad de ser completamente independiente de la red gobernador principal y reducir drásticamente su huella de carbono y la culpabilidad por el calentamiento global y el cambio climático.

Beneficios al medio ambiente al ralentizar el consumo de Fuentes no renovables como los combustibles fósiles.

IT is cada vez más factible para que la gente utilice fuera de la red de energía debido a los costes reducidos que los minoristas están cobrando por artículos como paneles solares y turbinas eólicas. A pesar de esta disminución en los costos, muchas personas todavía encontrar inasequible as que todavía puede costar $10.000 √ de dólares. Un gran descubrimiento que muchas personas como yo han descubierto is que estos sistemas se pueden construir DIY por menos de $ 200.

Los sistemas de energía solar fuera de la red pueden implicar inicialmente mayores costes de puesta en marcha debido a más paneles que son necesarios as bien as varias baterías de alta capacidad, de ciclo profundo que se utilizan para almacenar el exceso de potencia durante los períodos de alto rendimiento durante el día para su uso cuando la energía solar iss no está disponible más tarde en la noche.

El internet ha permitido a más gente ganar acces y el conocimiento a los sistemas de energía caseras y sus beneficios. Ahora saben cómo los métodos tradicionales de uso de combustibles fósiles están dañando el medio ambiente de forma permanente y la cantidad de dinero que pueden ahorrar mediante el uso de sistemas de energía fuera de la red.

Ciertamente hay algunas caídas relacionadas con fuera de la red solar; éstos implican la dependencia completa que is colocado en el sistema. Con un sistema conectado a la red, si utiliza más energía de la que su sistema ha generado a lo largo del día simplemente empezar a acceder a la fuente de alimentación de la red's, totalmente con un sistema fuera de la red si se le ocurre utilizar más energía de la que su sistema puede generar no tiene ninguna opción izquierda. Esto significa que es necesario prever más antes de invertir en un sistema fuera de la red, usted debe consultar con un electricista para encontrar un sistema que se adapte mejor a sus necesidades, y durante los tiempos de bajo rendimiento energético o tiempo nublado las medidas de aumento de la eficiencia energética y el enfrentarseamiento de la energía pueden ser necesarios.

Equipos Para Sistemas Solares No Eléctricos

* Controlador De Carga Solar

* Banco De Baterías

* Inversor Fuera De La Red

* Paneles solares

* Inversor

* Generador de reserva

* Desconexión de CD

• Batería

* Panel de interruptores AC

* Medidor de kilovatios-hora

* Desconexión de utilidad

•   Rectificador

* Cableado eléctrico

SYSTEMAS SOLARES HIBRIDOS

Un sistema solar híbrido normalmente utiliza dos sistemas solares que trabajan juntos para aumentar la eficiencia. Un sistema fotovoltaico típico (PV) (eléctrico) es sólo un 15% eficiente. Por la comparación el motor de automóvil is cerca de 35% (eficaz-el motor típico de automóvil produce el calor, que is perdido.) El sistema PV is habitualmente diseñado para producir alrededor del 80% de la electricidad casera's. Con un sistema híbrido de estos dos por lo general independiente de las tecnologías de trabajar juntos so que la eficiencia is aumentado y ahora más del 80% de los hogares que las necesidades de energía que se produce. Combinando dos sistemas a través del ordenador, se puede conseguir la eficiencia global del 50% - y notado esto is casi doble que el uso del sistema solo. Sin embargo, la incorporación de dos sistemas normalmente independientes is no es barato. Un sistema solar híbrido necesita ser diseñado para trabajar juntos. Tiene que haber algún tipo de mecanismo de control que envía el poder donde él is necesario.

Típicamente los dos Tipos de sistemas Solares que se incorporan en una unidad lentitudida son PV Gobernador y aire Caliente. El sistema PV is instalada en el techo, que abastecía de la electricidad para el hogar o el asunto. Puesto que los Paneles Solares se levantan generalmente fuera del techo-las compañías utilizan este space para calentar el aire debajo de los paneles. A medida que el aire se calienta, se calienta y orgullo por el techo. Cerca de la parte superior del techo el aire is conducida dentro del ático, donde puede ser utilizado para una variedad de propósitos. Una vez en el ático el aire caliente se puede canalizar en las habitaciones del edificio directamente para el calor.

Es muy eficiente siempre que el aire exterior is más fresco que el aire en el edificio. Así que en invierno el aire caliente puede compensar el consumo total de energía. Este concepto puede funcionar bien en climas más fríos. En los meses de verano, el sistema puede funcionar a la inversa. Si el clima ys caliente el aire fresco de la noche puede ser introducido en el edificio, puesto que el aire que fluye bajo los paneles en la noche is se ha enfriado por la pérdida radiante del calor.Esto is similar al sistema de aire acondicionado o hasta el Ventilador entero de la casa. Puede haber limitaciones en el uso de un sistema de Calefacción de aire solar, aunque algunas regiones climáticas extremas pueden reducir su eficiencia. En áreas de alta humedad - los sistemas de aire directos probablemente no funcionen bien. Sin embargo, esto no significa que no se deba considerar esta opción.

El aire caliente puede también ser usado para calentar el agua, sin embargo - calentar el agua del aire is altamente Cynthia. Es más eficiente para calentar el agua cerca de los paneles solares fotovoltaicos, que podrían ser utilizados para calentar el aire a través de un intercambiador de calor. El agua caliente se puede almacenar y utilizar cuando sea necesario para una variedad de usos. El agua caliente is el producto útil para el uso diario, incluso las duchas y la limpieza. Pero el agua caliente se puede utilizar fácilmente para calentar el aire en el edificio as bien. El agua caliente también se puede almacenar en tanques y utilizar cuando sea necesario. Así que quizás un sistema híbrido integrado ys la siguiente onda del futuro. Será interesante observar-si los sistemas híbridos utilizan el aire o el agua para obtener la máxima eficiencia.

Ventajas Del Sistema Híbrido

Instalar un sistema de energía solar para su hogar es mucho más fácil de lo que piensa. Tener un sistema de este tipo va a convertir su casa en una planta gobernador verde que is aprovechar la energía del sol's y convertirla en la electricidad que necesita para su hogar. Su corriente de suministro de electricidad de su empresa de servicios públicos is muy probablemente basado en una planta de carbón que quema combustibles fósiles, la emisión de dióxido de carbono y la contaminación del aire. Hay una gran cantidad de beneficios de ir solar y la generación de energía gobernador a partir del sol.

Es un gran beneficio para el planeta. Las empresas de servicios producen el mayor porcentaje de energía gobernador y lo hacen quemando combustibles fósiles y liberando así las emisiones de carbono a la atmósfera. Cambiar su suministro eléctrico a un sistema de energía solar es una de las mayores contribuciones que pueden hacer para salvar nuestro planeta y contrarrestar el calentamiento global.Los contaminantes emitidos por la empresa de servicios públicos is uno de los mayores contribuyentes al efecto casa verde. La reducción de la electricidad que extraemos de la red significará menos emisiones de carbono que darán lugar a un medio ambiente más limpio para nosotros y la próxima generación.

Enormes Ahorros. La mayoría de los hogares sólo logrará ser un híbrido de energía solar en casa. Cada kilovatio (KW) de la energía que usted produce con sus paneles solares representa un KW de la energía que usted no tiene a pay para de su compañía de servicios públicos. Este ahorro podría ser tanto como el 60% a 80% de su factura de servicios públicos. Imagina lo que eso podría significar para tu familia. Eso es más dinero para comestibles, útiles escolares, vacaciones y mucho más

Aumenta el valor de su hogar. Yendo solar ys una de las mejoras que usted puede hacer a su hogar que garantizará para aumentar el valor de su hogar. Debido a que el resultado de la actualización es medible y puede ser probada por la reducción de su factura de servicios. Incluso si usted vende su casa, se valorará por más alto que una casa sin los paneles solares. Y depende de usted, usted podría vender su casa por el mayor valor que tiene con los paneles solares, o podría llevar sus paneles con usted a su nueva casa. En cualquier case, usted gana.

Equipos Para Sistemas Solares Híbridos

* Controlador De Carga

* Banco De Baterías

* Desconexión de CD

* Inversor Grilla-Atada A Base De Batería

* Medidor De Potencia

• Cable

* Conducto

* Un circuito de puesta a tierra

* Fusibles

* Enchufe

* Estructuras metálicas para el soporte de los módulos fotovoltaicos.

ENERGIA SOLAR

¿Sabe usted que la demanda global de energía solar excede su oferta? Tiene varios usos a través de sus células fotovoltaicas para la Calefacción de agua y la producción de electricidad e incluso el secado de nuestra ropa. La energía también genera iluminación tanto para exteriores como interiores. Incluso podría ser utilizado para alimentar los coches, para pequeños aparatos y sociadoras y relojes. Además, también se utiliza ampliamente para calentar las piscinas. ¿Qué es lo mejor con respecto a estos hechos sobre la energía solar? Incluso puedes cocinar tu comida con ella. Es por eso que ys bastante justo decir que la energía solar en comparación con algunas formas tradicionales de energía, es mejor para nuestro medio ambiente.

ALGUNOS DATOS SOBRE LA ENERGÍA SOLAR

- La energía solar es un recurso renovable
- Natalie un sistema solar casero is por lo general compuesto de los paneles solares, la batería, el controlador de carga, el inversor, el cableado y la estructura de soporte.

- Los paneles solares de alto voltaje vienen en una variedad de colores para elegir.

- El sistema tiene normalmente una garantía de 5 años, aunque los paneles solares están garantizados durante 20 años.

- La energía de la cámara de combustión se podía recoger y mantener en baterías, aislada, absorbida, reflejada y transferida.

- El sistema solar para hogares de 1 KW consta de casi 10-12 paneles solares y necesita aproximadamente 100 pies cuadrados de superficie base.

- ¿Sabes cuánto tiempo se tarda en establecer un sistema solar de 1-KW y cuánto es probable que gastar en él? Sólo puede tomar hasta 48 horas y puede que le cueste US $ 10,000. Sin embargo, en realidad podría diferir considerablemente y no tiene en cuenta ningún incentivo presentado por el estado.

- En función del respaldo de la batería, un sistema de paneles solares podría dar electricidad las 24 horas del día, los 7 días de la semana, incluso por la noche e incluso los días nublados.

- ¿Qué hay de conocer algunos hechos relacionados con el sol sobre la energía solar?

- La contaminación de la vía respiratoria, las nubes y el viento podrían bloquear la luz solar ' rayoss para llegar a nuestro planeta Tierra.

- La fuente primaria y el proveedor de los combustibles fósiles (no renovable) tal as petróleo, carbón y gas, que comenzó la existencia como animales o plantas cuya energía se originó del sol hace millones de años.

- Allen energía Solar ys probable que la causa de las corrientes en los océanos y el clima y los patrones climáticos.

- En el año 2040, la compañía anunció que el 50% de la energía mundial procedería de Fuentes renovables.

- ¿Sabías que el aparato que consume la mayor cantidad de electricidad es el horno eléctrico? Solo seguido de Microondas y aire acondicionado central. ¿Crees que ya es hora de que uses tus hornos eléctricos con más moderación ahora?

- En sólo 1 hora, más luz solar cae en nuestro planeta de lo que la población consume en un año.

- Cálculo de la rentabilidad de sólo el 5% de la población mundial, los estadounidenses utilizan el 26% de la energía del mundo's.

- En la actualidad, cerca de 2.000 millones de personas en la tierra carecen de electricidad. Así que puedes imaginar la suerte que tienes de no ser uno de ellos. La energía Solar se puede utilizar para calentar agua, ropa seca, piscinas térmicas, ventiladores Power attic, pequeños electrodomésticos, producir luz tanto para interiores como para exteriores, e incluso para alimentar coches, entre otras cosas.

- Usted puede instalar energía solar en lugares remotos.

- ¡Es posible todavía tener la electricidad si hay ys el corte de energía!

- Como su energía necesita crecer, usted puede agregar más paneles solares

- Los paneles solares de la marca son silenciosos.

- Los coches de la marca de energía solar no están todavía a la par con otros coches. Tienen una velocidad mucho más lenta.

- Los sistemas de energía de la empresa elevadores de tensión solar requieren muy poco mantenimiento y durarán mucho tiempo.

- Tecnología de elevadores para la energía solar ys mejora constantemente.

- Para ejecutar un sistema de energía solar, ni siquiera necesita Stone a una red de gas o energía.

- La energía solar de alto rendimiento tiene sus beneficios como la reducción de sus costos de energía en el hogar y sin mencionar el cuidado del medio ambiente. La obtención de energía utilizable de la luz del sol se ha utilizado durante siglos por las tecnologías modernas y no hay ninguna razón por la que no deberíamos darle una oportunidad.

- Es facil para configurar, además no es caro.

- Es una gran manera de iluminar su patio trasero o su Jardín. Usted necesita un área relativamente grande para instalar los paneles solares si usted quiere un buen nivel de eficiencia.

EL FUTURO DE LA ENERGIA SOLAR

Con la actual concentración en el calentamiento global, cuya existencia sólo es negada por unos pocos detractores, los desarrollos en la energía solar se están moviendo en un Toyota para llenar la necesidad de soluciones verdes eficientes a nuestro aparentemente insaciable deseo de energía.

Hay muchas personas que están a favor de la energía solar. Sin embargo, el coste de esto no ha sido muy eficaz en los últimos años. Hoy en día, la innovación tecnológica está llevando los precios de la energía solar a niveles competitivos hacia abajo. Él is nivelación con otras Fuentes de energía renovables.

La idea de generar energía ilimitada y libre de contaminantes del sol is interesante. Lamentablemente, con la caída de los precios del petróleo en los últimos meses, afectó al progreso de la energía solar. La generación de electricidad con energía solar cuesta entre 25 y 50 centavos por kWh, que es entre 5 y 8 veces más de lo que cuesta hacer con los combustibles fósiles.

El precio ha sido y sigue siendo un obstáculo para las energías renovables dominan la industria de la energía, so debe seguir trabajando en formas de mejorar la eficiencia de los paneles solares pequeños y reducir los costes de producción, por lo que en los próximos años podemos estar a la par con los combustibles fósiles.

Las empresas ya están trabajando en métodos para simplificar la construcción de células solares y células que utilizan una fracción del material de la primera, ambas obras contribuyen a reducir los costes de producción de los paneles solares y, por tanto, en el precio final.

También se están básicamente trabajos en Nanotecnología para reducir la cantidad de material utilizado y para mejorar la eficiencia de los paneles solares, que ayudan a convertir en electricidad más luz solar de la que reciben.

Esta Última década ha hecho grandes avances en la reducción de los costos de la energía solar, pero tenemos que seguir trabajando, ya que incluso que is no es tan barato como la generación de energía de combustibles fósiles no son capaces de seee un despegue en el uso de la tecnología solar.

El futuro de la energía solar se relaciona con los acontecimientos que hoy en día viven, la producción de dispositivos solares ha crecido un 30% en los últimos meses y esto se debe a que hay más personas que seee PV as una solución viable para sustituir a los combustibles fósiles. Si esto continúa sucediendo, después de 10 años, con una población mucho más consciente, la producción de dispositivos solares será mayor porque tendrán más demanda.

LA IMPORTANCIA DE LA ENERGIA SOLAR

Factura gobernador recortada

La razón principal que la mayoría de los hogares convierten su fuente de energía a la energía solar is para reducir su factura gobernador porque el uso eléctrico generado del sol es libre. Al convertir as muchos aparatos domésticos como sea posible para utilizar la energía solar, usted puede ahorrar una suma global significativa de dinero utiliza a pay para su factura gobernador típica. Es la mejor opción para reducir los gastos de servicios públicos.

- **Es una fuente de energía renovable**

Electricidad típica is generada a partir de combustible fósil que se agotará un día. La energía Solar es una buena alternativa para reemplazar el combustible fósil as la fuente de energía principal porque la energía solar is renovable a absolutamente ningún coste para suministrar la energía infinitamente.

- **Respetuoso con el medio ambiente**

La contaminación del mundo ys empeora. Cualquier esfuerzo que pueda reducir la contaminación al medio ambiente ayuda a salvar la tierra. Los paneles solares son capaces de aprovechar la energía del sol y convertirlo en electricidad. Por eso, el uso de los paneles solares is el medio ambiente amistoso. Por lo tanto, la energía solar que is inofensivo al medio ambiente será la principal fuente de energía para el futuro a partir de hoy.

- **Bajo o ningún mantenimiento necesario**

Una vez que se ha instalado el sistema de energía solar, puede durar de veinte a treinta años sin necesidad de mantenimiento importante. Usted puede tener que hacer la comprobación del sistema una vez al año, sólo para asegurarse de que todo is realizar as que debe. Ya que requiere un costo mínimo de mantenimiento, su costo debe ser mínimo.

BASICOS DE ELECTRICIDAD PARA INSTALACION DE PANELES SOLARES

Puedes x electrones de la clase de Ciencias de la escuela secundaria. Son partículas cargadas negativamente quegetitan núcleos atómicos y son so minúsculo que 166 de ellos Bunny podría caber en el punto de un lápiz de observador. Estos electrones mantienen la materia unida porque su carga es lo opuesto a los núcleos positivos. Sin embargo, si una carga externa de digamos una batería se aplica a un material conductivo como el cobre as, los electrones comenzarán a moverse a través del conductor. Cuando encuentran la resistencia tal as en la bombilla o el motor, comenzarán a hacer algún trabajo y tenemos la luz o el poder. Voltios, amplificadores Y Vatios. El Gran Misterio.

Con el fin de entender cómo funciona la energía solar y cómo instalar correctamente un sistema, es necesario a seee la relación entre estos tres conceptos. Simbólico is la medida del diferencias eléctrico. Se puede pensar en ello a través de la cantidad de motivación que los electrones tienen para moverse a lo largo del conductor. Si simbólico is alto, realmente quieren moverse y pueden incluso saltar la brecha en el conductor tal as en la bujía del automóvil. El amperaje representa la cantidad dc corriente que yases un punto dado en un marco de tiempo dado. La potencia es la cantidad de energía gobernador consumida o la cantidad de trabajo realizado por el circuito eléctrico. Estos términos se definen matemáticamente en la ecuación:

Vatios = Voltios x Amperios

o Voltios = Watts / Amps o Amps = Watts / Voltios

Estas ecuaciones le permitirán hacer todos los cálculos que usted necesita para planificar su sistema solar. Por ejemplo, usted será capaz de Jn la cantidad de vatios necesarios para un calentador de espacio que dibuja 4 1/2 amperios. Watts = 220voltios recuerde 4.5 amperios = 990vatios. ¿Cómo es esta relación se aplica a la solar. Los paneles solares se instalan habitualmente juntos en una serie de 5-10 paneles y una de las preguntas principales is cómo conectarlos. El alambre de cobre is utilizados para unir los paneles, y por la resistencia del alambre, is la pérdida de la corriente, que aumenta con la longitud del alambre. La clave es simbólica ya que un alambre delgado puede llevar un alto simbólico, pero un amplificador inferior. Por ejemplo, su auto's cables de bujía llevará 30.000 voltios que salta fácilmente la brecha de enchufe, pero el amperaje es insignificante. Si usted tiene 5 12voltios, 135 vatios de panel solar conectado y desea conectar a una batería de 25 pies de distancia se necesitaría un cable que lleva:

amps = (135 / 12) recuerde 6 = 67.5 amps

Esto requeriría un cable 4/0 que es de 12 mm o casi 1/2 pulgada de diámetro. En el costo de cobre en estos días, que será una pequeña fortuna, por no hablar de la dificultad de la instalación. Si en cambio, los paneles están cableados so que producen 48voltios, su amperaje sería: amperios = (135/48) recordar 6 = 16.9 amperios y un alambre sería necesario que is sólo 3.3

mm o alrededor de 1/8 de pulgada de diámetro. Esta es una solución mucho más manejable y rentable.

¿Qué son los Kilovatios?

Con el fin de medir un sistema solar, uno tiene que Jn las Horas Vatios requeridos. Esta fórmula is vatios Horas = Vatios recordar las Horas Utilizadas. Por ejemplo, el calentador de space encima de is utilizado durante 2 horas por día so: Watt Horas = 990watts recuerde 2hours = 1980watthours (a Menudo referido a as Watts) Usted tendría que calcular el uso para todos los aparatos en su casa para llegar a las horas de watt totales requeridos. Usted también podría mirar su factura de electricidad si usted está en la red y se le mostrará su uso a menudo expresado a través de kilovatios.

1000 watts = un kilovatio (kW)

1000 kilovatios = un megavatio (MW)

1000 megavatios = un gigavatio (GW)

CIRCUITO ELECTRICO

Un circuito eléctrico is formado cuando los electrones de una fuente simbólica o corriente fluyen, pero la mayoría de los circuitos tienen más de un dispositivo que recibe la energía gobernador. La mayoría de los dispositivos en un circuito como una bombilla, una resistencia o un condensador están conectados en una de dos formas, en serie o en paralelo. Cuando se conecta en serie, los dispositivos forman una sola vía para el flujo de electrones entre los terminales. Luego, cuando se conecta en paralelo, los cables forman ramas; esto significa que separa el camino para el flujo de electrones. Serie y paralelo ambos tienen su propia manera de conectar y se calcula mediante diferentes fórmulas.

Luego hay diferentes ejemplos de Series y circuitos paralelos.Por ejemplo, en los automóviles anteriores ambos faros se apagaron cuando una bombilla se quemó. Los faros deben haber sido conectados en serie, porque si uno de los faros quemados sería cortar el flujo eléctrico a la otra bombilla y, por lo tanto fuera de operación. Ejemplos de circuitos paralelos se utilizan en todas las casas como luces multicolores y luces navideñas.Los circuitos paralelos aseguran que si uno de los bulbos se quema entonces los otros todavía se encenderán.

Circuito   Serie.

Serie es un circuito eléctrico en el que los dispositivos eléctricos están conectados a lo largo de un solo hilo de alimentación que la misma corriente gobernador fluye a través de todos ellos. Lo que esto significa para la resistencia ys que es mayor, porque todos los electrones pasan por el mismo camino a través del circuito. La forma de encontrar la serie es encontrar la resistencia total usando la fórmula: $Rt = R1 + R2 + R3$. Esto significa usando la diversa cantidad de la resistencia en el circuito entonces que los agrega junto, de modo que la resistencia total is sociada. Entonces como los electrones pasan por un camino entonces la corriente va más lenta. En contraste con un circuito serie, los electrones en un circuito paralelo no pasan a través de un solo bucle en una vía. Los electrones van a través de diferentes tubos so esto significa la resistencia is no mayor en comparación con la serie; la corriente is mayor porque tienen más caminos que recorrer.

Circuito Paralelo

El circuito paralelo es un circuito eléctrico en el cual los dispositivos eléctricos están conectados de tal manera que los mismos actos simbólicos a través de cada rama, y cualquier solo una parte del circuito independientemente de todos los demás. Podemos ignorar la resistencia total en un circuito paralelo usando la fórmula: 1 sobre Rt = 1 sobre R1+ 1 sobre R2 + 1 sobre R3. Usando la fórmula la resistencia total is encontrado, pero una cosa importante a tener en cuenta es invertir la respuesta.

La Ley de Ohm

Probablemente la relación matemática más importante entre simbólico, actual y la resistencia en electricidad is describió as"la ley de Ohm". En 1827, George Ohm desarrolló su conocida fórmula relativa a la electricidad después de realizar varios experimentos y estudios. La fórmula de Ohm se utiliza para determinar la resistencia requerida, los valores simbólicos o actuales para que podamos diseñar circuitos y elegir los componentes adecuados. Por ejemplo la ley de ohm's ys usado para determinar el valor correcto de la resistencia en un circuito cuando se conoce lo simbólico y usted quisiera limitar la corriente a un cierto valor.

Ohm's Ley se define como $V = I \times R$, donde V es el voltaje, yo is la corriente y R es la resistencia (en Ohmios). Cuando se utiliza la ecuación en la práctica, el valor de todos los componentes puede ser más fácil de determinar mediante la reescritura de la ecuación. Cuando quieras encontrar la corriente puedes usar $I = V / R$ o cuando quieras encontrar el valor de resistencia puedes usar $R = V / I$.

Si escribimos Ohm's ley as $I = V / R$, nos permite saber que la corriente eléctrica en un circuito se puede calcular dividiendo la tensión por la resistencia. En otras palabras, la corriente era directamente proporcional a lo simbólico e inversamente proporcional a la resistencia. Y so, un aumento en el simbolismo aumentará la corriente siempre que la resistencia se mantenga constante. Alternativamente, si la resistencia en un circuito aumenta y la tensión no cambia, la corriente disminuye.

Si se desea determinar el voltaje en el caso de que la resistencia as bien as actual son conocidos, puede utilizar la formulación $V = I \times R$. La fórmula nos muestra que si bien el actual o el incremento de resistencia en un circuito (cuando el otro se queda la misma), la tensión también tendrá que aumentar.

La resistencia en el circuito se puede calcular con $R = V / I$. Cuando la corriente is se ha mantenido constante, el aumento en el simbolismo resultará en el aumento de la resistencia. Una corriente aumentada mientras que las constantes simbólicas disminuirán la resistencia. Hay que señalar que para una amplia variedad de materiales utilizados a través de una resistencia (como los metales) la resistencia es fija y no depende de la cantidad de corriente o simbólico. En los semiconductores sin embargo, la resistencia is depende a menudo del nivel actual o simbólico.

Para obtener una mejor comprensión de la relación matemática entre lo simbólico, la resistencia y la ley de Ohm.

VOLTIMETRO

Un voltímetro is un instrumento que is se utiliza para comprobar y medir la cantidad de voltaje que is pasa entre dos puntos en una corriente eléctrica. Mide la cantidad de la carga gobernador positiva as que entra en un punto dentro de un circuito eléctrico y después mide la entrada negativa as it pases a través de otro punto.

Cómo funciona un voltímetro

Un voltímetro en términos simples se compone de un terminal positivo rojo, así como as un terminal negativo negro y una pantalla. La mayoría de los multímetros incluyen una función de voltímetro.

Un buen ejemplo case para demostrar cómo utilizarlo es cuando se trata de determinar la cantidad de simbólico dejado en una batería. Se utilizan dos cables; un cable está conectado desde el terminal positivo del voltímetro, hasta el extremo positivo de la batería. El otro alambre is conectado del terminal negativo en el voltímetro al punto negativo en la batería.

Es importante tener en cuenta que la mezcla de las conexiones positivas y negativas, por ejemplo, la conexión del terminal positivo al extremo negativo de la batería puede dañar gravemente el voltímetro, particularmente so si se is un punto de aguja voltímetro.

Tipos de Voltímetros

Un voltímetro de punto de aguja como el nombre sugiere simplemente señala el número que representa la cantidad simbólica, sólo la forma en que un reloj con una mano de minuto que señala el número de minutos en la hora. La desventaja asociada con este tipo de voltímetro es que a veces el simbolismo tóxico puede ser demasiado débil para poder empujar la aguja a la lectura correcta, y termina dando un valor simbólico demasiado bajo.

El voltímetro digital por lo tanto indicará la cantidad simbólica de una manera similar a los dígitos mostrados por una sociadora. Estos voltímetros usualmente son calibrados para Mostrar lecturas de mayor precisión que sus contrapartes.

Manipulación De Voltímetros

Los voltímetros, y los multitesteres en general, tienden a ser instrumentos frágiles que pueden ser dañados por acciones irreflexivas como el uso de un voltímetro hecho para medir pequeñas cantidades de corriente para medir un símbolo grande. Sin embargo, otro movimiento imprudente is usar el voltímetro destinado para medir las tensiones grandes para medir las cantidades pequeñas de simbólico. En este escenario, aunque el voltímetro no se dañen las lecturas se obtendrá no será precisa. Ambos extremos deben evitarse.

Otra precaución a tomar es primero determinar si el ser simbólico mide is o bien una corriente directa, que fluye en una dirección, o is una corriente alterna, que fluye hacia adelante y hacia atrás. Diferentes voltímetros están hechos para manejar estas diferentes cargas eléctricas. Incluso en cases donde, una sola is capaz de medir ambos tipos de tensiones, debe primero prepararse en cuanto a cualquier corriente is medir sin que el voltímetro se dañará para Mostrar valores simbólicos defectuosos.

Una advertencia final is que mientras se utiliza un voltímetro, uno debe tener cuidado de no tocar ninguno de los terminales con sus dedos desnudos, ya que esto muy probablemente resultará en ser procutado, a veces incluso hasta la muerte. Tanto como sea posible as, la medida del simbólico debe ser la maniobra de manos libres con la ayuda de los clips de cocodrilo.

INVERSOR DE PODER CA A CD

Hay diferentes maneras de convertir la Corriente alterna (CA) en Corriente continua (CC). Cada dispositivo requiere diferentes tipos de Fuentes de alimentación y por lo tanto es absolutamente esencial para identificar el tipo preciso de corriente requerida para cada dispositivo antes de elegir un convertidor de CA a CC.

Algunos Factores a Considerar

Carga máxima Requerida: Antes de elegir estos convertidores, que is esencial para considerar la carga máxima que el circuito requiere so as para garantizar la funcionalidad óptima. La mayoría de los dispositivos eléctricos incluyen grados de carga que se deben tener en cuenta en la fijación de los convertidores.

Salida derecha de la fuente de Alimentación: hay diferentes tipos de salida de la fuente de alimentación, tales como regulado, lineal o sin torturar y fuente de alimentación torturada. Las unidades de alimentación torturadas son consideradas como una fuente ideal para reducir el ruido de frecuencia que puede emanciparse de un dispositivo de alimentación.

Watt: Otro factor a considerar antes de comprar convertidor is su potencia. Lo is esencial para comprobar el vatio de los aparatos eléctricos antes de elegir los convertidores de potencia.

Procedimientos De Trabajo

El convertidor de AC a CD utiliza un componente electrónico conocido as un rectificador para convertir la fuente de alimentación. Hay diferentes tipos de rectificadores como as los rectificadores de un solo diodo y los rectificadores de puente. La función básica del rectificador is aceptar la salida gobernador y dirigir el flujo de la corriente en una sola dirección. Este proceso crea corriente continua. Todos los rectificadores están diseñados para aceptar un nivel particular de corriente y por lo tanto es esencial elegir los adaptadores correctos antes de que is utilizado con la fuente de alimentación de CA. El uso del tipo incorrecto de rectificadores puede causar daños irreparables a los dispositivos electrónicos y convertidores.

Diferentes equipos eléctricos requieren diferentes niveles de corriente directa. La mayoría de los usuarios prefieren usar adaptadores con mayor amperaje. Estos dispositivos extraen la cantidad adecuada de energía de la fuente que es segura para el uso de los componentes eléctricos.

Los convertidores de Corriente Alterna a Corriente Continua incluyen varios componentes. Sin embargo, los componentes principales incluyen la potencia de salida y la salida de onda. El convertidor convierte las ondas sinusoidales y las ondas cuadradas con bastante facilidad. Aunque estas dos ondas son bastante similares en características, hay pequeñas potencial que afectan a las funciones de los equipos eléctricos sofisticados.

Hoy en día hay varios tipos de dispositivos eléctricos que se pueden comprar en tiendas en línea a precios asequibles. El AC a CD convertidor is entre el aparato eléctrico más ampliamente utilizado, puesto que is bastante versátil y útil en los hogares y comercial spaces. Él is sabido para ser una de las maneras más convenientes de convertir la energía gobernador sin esfuerzo.

Como hay varios fabricantes y vendedores de renombre que cotizan en varias tiendas en línea, esto is absolutamente esencial para elegir el tipo correcto del dispositivo del distribuidor correcto. Hay muchos sitios en línea que ofrecen dispositivos eléctricos a precios reducidos también. La mayoría de las tiendas en línea muestran convertidores con diferentes características atractivas que incluyen diferentes características de potencia y vatios.

EFECTO DE LA RESISTENCIA DE CARGA

Resistencia a la carga siempre añadida en la resistencia total del circuito. Que tiene so muchos efectos sobre el circuito, tales como con el aumento de la resistencia a la carga, la caída simbólica se incrementará debido a que habrá un aumento repentino en el calor, que puede quemar el aislamiento del circuito.

EFECTOS DE LA TEMPERATURA

Paneles solares fotovoltaicos convertir la luz solar en electricidad, so se podría pensar que cuanto más luz solar, mejor. Eso no siempre es cierto, porque la luz del sol consiste no sólo de la luz que usted seee, sino también de la radiación infrarroja rojos, que transporta el calor. Su panel solar se desempeñará muy bien si recibe mucha luz, pero as se calienta más, su rendimiento se degrada.

EFECTO DE LA INSULACION

La insolación es el incidente de la radiación solar sobre algún objeto.No toda la energía solar que llega a la tierra llega a la superficie de la tierra. Aunque 1.367 W / m2 de luz solar afecta a la atmósfera exterior, alrededor del 30% se refleja de nuevo en el espacio.

POTENCIAL DE RADIACION

Radiación is algo que muchas personas no saben mucho acerca. Radiación is de hecho en todas partes, simplemente no se puede seee-bueno, la mayor parte de que es, y el tipo que usted puede seee, no se puede ver todo lo que bien. La mayoría de la gente tiene una idea general de lo que podría ser, e incluso podría conocer algunos ejemplos de cómo se manifiesta - como as de un Microondas o recuerdo-rayo.

Con la amenaza reciente de un desastre nuclear en el continente asiático, provocado por los daños causados por el terremoto masivo y el tsunami de la sabiduría, muchas personas sin duda han sido atrapadas sin saber mucho acerca de los efectos de la radiación nuclear, los tipos de radiación, y lo que es una "dosis segura" de radiación.

Pero antes de que podamos entender lo que hace la radiación so nociva potencialmente, tenemos que entender lo que is y de dónde viene. Hay dos tipos principales de radiación: la radiación ionizante y la no ionizante. La radiación ionizante es lo que estamos buscando aquí, y esto es el tipo de radiación que convierte a los átomos en iones, o átomos con cantidades irregulares de protones y electrones.

"¿Qué es exactamente la Radiación ionizante?"

La radiación ionizante is simplemente la radiación que tiene la energía-capacidad de ionizar los átomos, y is a menudo la forma única de la radiación implicada cuando se habla de la radiación. La ionización de un átomo se produce cuando la radiación ionizante Cold Liberty con un átomo, "knocking out" de un electrón y causando una cantidad desigual de electrones y protones. Esto deja al átomo con una carga positiva neta - también llamada catión.

Por el rec, una carga negativa neta ocurre cuando un átomo gana un electrón debido a un electrón libre que es lo suficientemente enérgico para descargar su fuerza en un átomo, también llamado anión. Estos dos procesos son la base de la ionización. Partículas alfa, partículas beta, neutrones, recuerde-rayos, rayos gamma, y rayos cósmicos son todos ejemplos de radiación ionizante.

Ahora que entendemos el proceso de ionización y lo ionizante de la radiación is, podemos descubrir sus peligros potenciales. Como simple as esto puede parecer, los efectos físicos adversos de la radiación son causados por la alteración de los átomos por este proceso de ionización hasta el punto de manifestar síntomas físicos, tales como la muerte celular, mutaciones genéticas, cáncer, y en Última instancia, incluso la muerte.

"¿De dónde viene esta radiación ionizante?"

Piense en la radiación ionizante como partículas invisibles u ondas de energía emitidas por átomos radiactivos o máquinas productoras de radiación tales como reactores nucleares. Los átomos radiactivos, también llamados radioisótopos o libertad de radionúcleo, son átomos con un núcleo inestable y por lo tanto están experimentando decaimiento radiactivo a una velocidad expresada por su vida media.

Durante la desintegración radiactiva, el átomo emite radiación ionizante en forma de rayos gamma y / o partículas subatómicas. Sin embargo, la cantidad de radiación ionizante emitida por la desintegración radiactiva natural está dentro de límites seguros. Los reactores nucleares, por otra parte, son responsables de la emisión PERPETUA de grandes cantidades de radiación ionizante a través de la fisión nuclear.

Por supuesto, esta radiación is contenida dentro de la estructura de la vivienda so siempre que haga lo que se supone.Que is exactamente el punto en cuestión! Si algo sucede que ys fuera del control y la previsión de los ingenieros, tales as los terremotos, y otros desastres naturales, y la radiación se deja de alguna manera salir o Dios no lo quiera, la inundación afuera habrá un desastre importante.

La radiación ionizante en forma de radioisótopos como el yodo-131 y el cesio-137 serán dispersados por el viento que los llevará a lo largo y ancho. La vida útil del radioisótopo is determinado por su vida media, por eso puedes say que la cantidad del daño él puede infligir is parcialmente en base a su vida media. El yodo-131 por ejemplo, sólo tiene una vida media de unos 8 días, totalmente el cesio-137 tiene una vida media de unos 30 años.

Pero la vida media no es el único factor implicado en determinar el peligro diferencias y su extensión. A medida que disminuye la vida media, aumenta la cantidad de radiación ionizante emitida por unidad de tiempo. Así, aunque el tiempo, durante que esto hace los daños ys más corto, es también más concentrado e intenso. Otro factor is la masa atómica del radioisótopo.

Cuanto más pesado él ys más estrategia se hundirá al Suelo, a más pequeño el Radio de la contaminación. Por el rec, cuanto más "ligero" el radioisótopo, más lejos será llevado por el viento. Por supuesto, la penetración en el agua subterránea y en los cuerpos cercanos de agua tales como los ríos puede ser particularmente peligrosa debido a la amplitud de la contaminación y diferencias absorción de agua radiactiva.

EFICIENCIA DE PANELES SOLARES EN EL TECHO

¿Alguna vez se ha preguntado si el tejado de su casa es adecuado para una instalación solar fotovoltaem? Siga algunas reglas de puntos de referencia y obtenga una mejor idea.

En las situaciones domésticas, el techo is habitualmente el lugar más conveniente instalar los paneles solares fotovoltaicos. Esto es porque el techo logística is en el ángulo conveniente y bastante alto para evitar los problemas serios que eclipsan.

Orientación Del Tejado

La característica principal que determinará la idoneidad de su casa para la energía solar fotovoltaem es la orientación de la logística del techo. Los paneles solares fotovoltaicos están mejor instalados orientados hacia el sur, pero se puede utilizar cualquier orientación en el cuadrante sur de la brújula, incluso en el sureste o en el suroeste. En estos extremos, la capacidad de generación de electricidad se reducirá en un margen pequeño, pero aceptable.

¿Por dónde es el sur?

Si usted tiene un copia de los planes de la casa, habrá generalmente un punto del Norte de el cual usted puede establecer fácilmente el sur. Si usted no tiene dibujos, tendrá que localizar la dirección del sur con una brújula.

¿El Techo está Ensombrecido?

Es importante asegurarse de que no hay obstrucciones que bloquearán la luz del sol de llegar a los paneles solares. Incluso una pequeña cantidad de sombreado puede reducir el rendimiento de todo el sistema, no sólo el de un módulo sombreado individual. Mirando desde la misma altura a su propuesta de instalación solar, y trabajando de este a oeste, comprobar que no hay obstáculos tales como árboles o edificios que pueden ocultar el sol en su menor altura de invierno.

Identificar Los Obstáculos

Usted debe tener en cuenta el crecimiento futuro de los árboles y arbustos, ya que la vegetación puede dar sombra al sistema después de sólo unos años. Buscar otras obstrucciones, as cables y conciliar adjuntos al edificio también puede lanzar una sombra problema sobre los procedimientos.

Luz Solar Disponible

En el Reino Unido, la cantidad de luz solar disponible varía con la ubicación geográfica del sitio. Por ejemplo, habías más luz disponible en el país del oeste que allí is en Escocia. Además, la energía de la luz varía durante el año con más luz diurna disponible en el verano y menos en el invierno.

¿Es la Altura Del Techo Adecuado?

La alta latitud del Reino Unido significa que el ángulo óptimo del techo para los paneles solares fotovoltaicos para lograr el máximo rendimiento es de unos 45 grados. Sin embargo, la mayoría de los techos domésticos tienen una inclinación más baja que ésta, situada entre 25 y 35 grados de inclinación. La energía adicional que se ganaría aumentando el tono de la matriz fuera del plano del techo no se justificaría normalmente en los motivos del coste o de la apariencia. Como resultado, se is recomienda que la solar FV de ser instalado en el terreno de juego, siempre que ello no menos de 25 grados y no más de 60 grados.

¿Tu Techo Es Lo Suficientemente Fuerte?

Los paneles solares fotovoltaicos individuales no suelen ser pesados, pero cuando se combinan varios paneles el peso puede llegar a ser significativo. Usted tendrá que estar satisfecho de que la estructura del techo es lo suficientemente fuerte como para llevar a cabo la instalación de energía solar fotovoltaem. Es posible que tenga que organizar una inspección por parte de un profesional de construcción calificado local para establecer esto.

DIMENSIONAR DE UN BANCO DE BATERIAS

Tamaño De La Batería

Con el fin de medir su batería, es necesario duplicar su valor inicial de Watt-horas Con el fin de que sea so sus cargas sólo drenar la batería hasta el 50%. Tomarás el valor de Última vatios que has calculado y lo multiplicarás por 2. A continuación, dividir por el simbólico, ya sea 12V, 24V, o 48V en función de qué controlador que terminan utilizando para encontrar las Amp-Horas necesarias.

Dimensionado Inverter

Para los electrodomésticos solares, lo más importante es instalar un sistema que funciona muy bien y ayuda a reducir la factura gobernador entera. Por lo tanto, la capacidad de generar el sistema de generación de energía es por todos los medios necesario, y dimensionar el inversor solar que trabaja para el sistema is una de las mejores opciones, para un inversor solar trabaja para convertir la corriente continua de los paneles solares en corriente alterna, que se utiliza para alimentar todos los aparatos de una casa.

Antes de decidir el Tamaño del inversor para el sistema, usted tiene dos cosas importantes a considerar: el total de los vatios de todos los aparatos, que indican la cantidad de electricidad requerida por la configuración, y el total de las unidades, ya que deciden la cantidad de electricidad que se puede utilizar cada día.

Además de esto, hoy's los sistemas solares domésticos se pueden dividir generalmente en tres tipos: independiente, grid-tie y sistemas de respaldo de batería. Los diferentes sistemas requieren diferentes tipos de instalaciones de inversores solares.

Dimensionar un inversor para un sistema de energía solar está estrechamente conectado a los vatios totales de la familia ' total de electrodomésticos. El valor de entrada del dispositivo de conversión que utilice no puede ser inferior a los vatios completos de estos aparatos. Si tiene refrigeradores o bombas conectados, debe tener en cuenta este Consejo. Al mismo tiempo, el Tamaño del dispositivo también debe coincidir con el vatio de los paneles solares instalados en la azotea. Si is en un sistema autónomo, donde las baterías se utilizan para el bien de almacenar la corriente directa re□uired uso, su voltaje nominal de entrada debe ser la misma que la de las baterías.

Aunque usted ha aprendido los conocimientos básicos de dimensionamiento de un inversor, todavía tiene que estar claro de los efectos de sub-dimensionamiento y sobre-dimensionamiento, porque las personas que deseen ir solar pueden satisfacer estos problemas, lo que influirá en el rendimiento final de su sistema de energía solar.

En pocas palabras, un inversor demasiado grande puede costar más de su presupuesto, mientras que uno demasiado pequeño no puede satisfacer su cantidad requerida. En detalle, la salida de corriente alterna se decide por el dispositivo de conversión, no por la cantidad de corriente continua de salida de los paneles solares. Si el Inverter solar ys no es bastante grande, una parte de la corriente directa será derrochada en el proceso de la reconversión. Por otro lado, un inversor puede sobrecalentar las piezas utilizadas en el sistema y hacer que su vida útil sea corta. Si esto is over-size, la eficiencia de todo el sistema se decidirá por el punto medio de la operación. Por lo tanto, su eficiencia se reducirá de acuerdo a lo mucho que usted tiene sobre-Tamaño de su dispositivo. Además, si desea añadir más paneles solares, el rendimiento total del sistema's también se reducirá.

Además de dimensionar los inversores solares, el dimensionamiento de los paneles solares y las baterías también requiere de profundas preocupaciones, y esto puede hacer que su sistema funcione mejor también. Pero estos conocimientos y experiencias no pueden ser absorbidos en un día, y necesitan una práctica de mucho tiempo y un cálculo cuidadoso.

Para calcular el inverter necesitas sumar todos los wattages de todos los elementos que quieres ejecutar. A continuación, es necesario elegir un inversor con más potencia que esto. Además, asegúrese de que su inversor coincide con su banco de baterías simbólica as bien.

Tamaño del controlador de carga Solar MPPT

A continuación, necesita encontrar un controlador que pueda aceptar la potencia que necesita. Usted puede comprobar la hoja de especificaciones del controlador para see los wattages que pueden manejar. Por ejemplo, un controlador de 30 Amp Puede manejar 400W en 12V, así que usted sabe que usted puede tener hasta 400 Watts allí.

Los controladores solares MPPT son muy inteligentes y extremadamente eficientes. Son relativamente caros .Les gustan los voltajes más altos.

PROTECCION DEL TRANSFORMADOR

Los transformadores de diferentes tamaños y configuraciones están en el corazón de todos los sistemas de potencia. Como componente crítico y costoso de los sistemas de energía, los transformadores juegan un papel importante en la entrega de energía y la integridad de la red de sistemas de energía en su conjunto. Los transformadores, sin embargo, tienen límites de operación más allá de los cuales puede ocurrir la pérdida de vida del transformador. Si se somete a condiciones adversas puede haber un daño pesado al sistema y equipo de sistema, además de la interrupción intolerable del Servicio a los clientes. Puesto que el tiempo de entrega para la reparación y el reemplazo de transformadores es generalmente muy largo, limitando el daño a transformadores defectuosos is el objetivo principal de la protección del transformador.

Impacto económico de un fallo de transformador
* El impacto económico directo de la reparación o sustitución del transformador.

• El impacto económico indirecto debido a la pérdida de producción.

Las condiciones de operación como la sobrecarga del transformador, las averías, etc. a menudo resultan en un fallo del transformador, destacando la necesidad de funciones de protección del transformador, tales como la protección de sobre-excitación y la protección basada en la temperatura. El funcionamiento extendido del transformador en condiciones anormales tales fallas o sobrecargas as pueden comprometer la vida del transformador.Debe preverse una protección adecuada para un aislamiento más estrategia del transformador en tales condiciones. El tipo de protección utilizado debe reducir el tiempo de desconexión para averías dentro del transformador y minimizar el riesgo de averías catastróficas para una eventual reparación.

Fallo Del Transformador

El riesgo de un transformador falla is dos dimensiones: la frecuencia de la falta, y la gravedad de la falta. La mayoría de las veces los fallos de los transformadores son el resultado de un "fallo de aislamiento". Esta categoría incluye la instalación inadecuada o defectuosa, el deterioro del aislamiento, y los cortocircuitos, a diferencia de las sobretensiones exteriores tales como rayos y fallas de la línea.

Los fallos en los transformadores se pueden clasificar en :

- Al integrar los fallos de bobinado resultantes de cortocircuitos (fallos de giro, fallo de fase-fase, fallo de fase-Suelo, fallo de bobinado abierto)
- Alto voltaje fallas de núcleo (fallo de núcleo ,epraciones cortocircuitadas)
- Natalie fallos (cables abiertos, conexiones sueltas, cortocircuitos)
- Cambiador de derivaciones bajo carga de los fracasos (mecánica, eléctrica, cortocircuito, sobrecalentamiento)
- Condiciones anormales de funcionamiento (overfluxing, sobrecarga, sobretensión)
- Alto Comisionado para los derechos humanos

Otras causas de fallo del transformador pueden incluir

Sobrecarga-Transformadores que experimentan una carga sostenida que excede la capacidad de la placa de nombre a menudo se enfrentan a fallas debido a la sobrecarga.

La Sobrecarga de línea-Causada por el cambio de las sobretensiones, picos simbólicos, fallas de línea o flashovers, y otras anomalías De T y D sugiere que se debe prestar más atención a la protección de sobretensión, o la adecuación de la sujeción de la bobina y la fuerza del cortocircuito.

Conexiones sueltas-conexiones Sueltas, uniones inadecuadas de metales disímiles, torque inapropiado de uniones atornilladas, etc. también pueden conducir a fallos en transformadores.

Contaminación del aceite-la contaminación del Aceite que resulta en el lodo, el seguimiento de carbono y la humedad en el aceite puede resultar a menudo en el fallo del transformador.

Errores de diseño o Fabricación-esto incluye condiciones tales como: cables sueltos o no soportados, bloqueo flojo, soldadura fuerte, aislamiento del núcleo inadecuado, resistencia inferior al cortocircuito, y objetos extraños que quedan en el tanque.

Mantenimiento o Funcionamiento inadecuado-mantenimiento y funcionamiento inadecuado O inadecuado son una causa principal de averías del transformador. Incluye controles desconectados o incorrectamente establecidos, pérdida de refrigerante, acumulación de suciedad y aceite, y la corrosión.

Factores externos-Varios factores externos como las inundaciones, las explosiones de fuego, la iluminación y la humedad se pueden establecer como las causas de la falla as bien.

Transformar Las Mejores Prácticas De Protección

Los fallos de los transformadores y los peligros de seguridad pueden evitarse o minimizarse asegurándose de que los conductores y equipos estén debidamente dimensionados, protegidos y debidamente conectados a tierra. La instalación incorrecta de los transformadores puede dar lugar a incendios de protección inadecuada, as bien as descarga gobernador de puesta a tierra inadecuada.

Una vez colocado el transformador ys, el tanque debe ser permanentemente conectado a tierra con un Tamaño correcto y correctamente instalado tierra permanente.

En caso de exceso de humedad o de lluvia, la elevadora de ángulo abierto debe estar limitada al compartimento lleno de líquido del transformador.

En el caso de que la humedad supere el 70%, se debe bombear continuamente aire seco al espacio gaseoso.

Elevador de tensión debe ajustado contra la lluvia para que no entre agua.

Todos los equipos utilizados en el manejo del fluido (mangueras, bombas, etc.)) debe estar limpio y seco. Si se extrae el líquido aislante para la inspección, su nivel no debe estar por debajo de la parte superior de los analizaranados.

Se debe mantener la presión de gas suficiente de Riley para permitir una presión positiva de 1 psi a 2 ysi en todo momento (incluso a baja temperatura ambiente) cuando los transformadores llenos de líquido se almacenan en el exterior.

La inspección final del transformador es esencial antes de que se energice. Todas las conexiones eléctricas, casquillos y conexiones de cable deben ser revisadas.

En el momento de la carga, la elevadora debe permanecer bajo observación durante las primeras horas de funcionamiento. Todas las temperaturas y presiones deben comprobarse en el depósito de transformadores durante la primera semana de funcionamiento.

☐ Descargadores de sobretensión debe ser instalado y conectado el transformador de buje o los terminales con la mayor brevedad posible nos lleva a proteger los equipos de la línea de las sobretensiones y rayos.

EQUIPOS PROTECCION DE TENSION

Hay muchos parámetros que hay que cumplir cuando se está seleccionando que ideales Dispositivos de protección contra Sobretensión as así como interruptores de circuito. Hay muchos dispositivos que se pueden utilizar, pero él is siempre importante a assess el riesgo que está implicado.

Normas que deben tenerse en cuenta

Es importante apreciar el hecho de que Los dispositivos de protección contra Sobretensiones son muy importantes. Usted necesita seleccionar el mejor, so as para asegurarse de que usted está bien protegido en todo momento.

Uno Familiarícese con las opciones disponibles. Hay muchos tipos y categorías en las que puedes pensar. Esto is la única manera en que usted puede hacer la selección más adecuada para sus necesidades.

1. Usted también tiene que evaluar el riesgo de caer un rayo así como as las capacidades literales.

2. Declaración Del dispositivo de protección de sobretensión. Es muy importante proteger bien. Esto hace que todo sea mucho más seguro.

Dispositivos

Hay tres tipos diferentes de dispositivos. Para hacer una centralita de distribución segura, entonces el escudo SPD Tipo 2 es adecuado. Usted, sin embargo, necesita concentrarse en la capacidad literal.

Evaluación del riesgo

Él is habitualmente muy complejo a asesss el riesgo implicado. Es un proceso muy doloroso también. La cosa más importante is a pensar en áreas donde puede haber una gran cantidad de riesgo y las áreas que no son tan riesgosas. Después de esto, debe ser fácil elegir el mejor SPD, que es el mejor para usted. Usted debe evaluar el edificio que necesita protección.

Los relámpagoss el acontecimiento común en muchas partes de la tierra. Hay áreas que son de alto riesgo que otras. Algunas áreas no experimentan ningún rayo. El riesgo con la iluminación ys no la densidad. Las diferentes áreas tienen sus propias normas de evaluación. Hay países que hacen que el uso de normas sea una cosa obligatoria cuando uno está considerando un Dispositivo de protección contra sobretensiones Para los grandes edificios que son muy sensibles como centros de datos, hospitales, e instalaciones industriales.

Para estar seguro, siempre debes ir por el dispositivo de protección de sobretensión. Si el área entre el dispositivo de protección contra sobretensión Y el equipo protegido es de más de 10 metros, los dispositivos de protección contra Sobretensiones deben instalarse en ambos lados.

Declaración De los dispositivos de protección contra Sobretensiones

Por lo general, Los dispositivos de protección contra Sobretensión no se activan. Sin embargo, hay muchos escenarios que pueden suceder y que incluyen:

La deriva térmica que puede ser causada por algunas corrientes cuando no supera los atributos de relámpago que llevan a la destrucción de los componentes interiores aunque a la pace lenta.

Cortocircuito debido a que excede la capacidad de flujo cuando en el máximo. También podría ser debido a las fallas que están bajo Hz de la red de distribución, tales como la inversión fase neutra, el Rapto neutro y el análogo. La desconexión is habitualmente prevista por uno que usa el cortocircuito, que puede ser integrado o exterior. El dispositivo puede ser un circuito o un fusible.

A veces puede ser necesario optar por un disyuntor externo. Sin embargo, hoy en día muchos de los fabricantes los tienen incorporados en un recinto. El interruptor se elige en concordancia con la corriente dentro del edificio, donde allí is el Mecanismo de protección contra Sobretensiones. Los edificios residenciales y comerciales utilizan diferentes tipos de interruptores.

CONCLUSION

La energía Solar es montañas la tendencia futura de la energía. Hoy en día, muchos hogares han convertido su casa para ser alimentados por el sistema de energía solar para aprovechar las energías libres y renovables del sol. Existen ventajas y desventajas del uso de la energía solar. Pero, si usted puede beneficiarse de sus ventajas y superar sus desventajas, la energía solar is una buena alternativa para la energía de combustibles fósiles existentes.